主余震序列作用下
高性能结构地震易损性分析

张　皓　侯世伟　王大伟◎著

中国建筑工业出版社

图书在版编目(CIP)数据

主余震序列作用下高性能结构地震易损性分析 / 张皓,侯世伟,王大伟著. —北京:中国建筑工业出版社,2021.7

ISBN 978-7-112-26198-7

Ⅰ. ①主… Ⅱ. ①张… ②侯… ③王… Ⅲ. ①抗震结构–损伤(力学)–分析 Ⅳ. ①TU352

中国版本图书馆CIP数据核字(2021)第109858号

本书是一本考虑主余震序列作用下高性能结构地震易损性的应用研究型著作。全书共分5章,主要内容包括:高性能结构地震易损性分析研究进展;主余震衰减关系模型及统计规律;主余震序列构造;主余震序列作用下高层装配式耗能剪力墙易损性分析;主余震序列作用下防屈曲支撑钢管混凝土框架结构易损性分析。

责任编辑:杨 杰
责任校对:赵 菲

主余震序列作用下高性能结构地震易损性分析

张 皓 侯世伟 王大伟◎著

*

中国建筑工业出版社出版、发行(北京海淀三里河路9号)
各地新华书店、建筑书店经销
北京鸿文瀚海文化传媒有限公司制版
北京建筑工业印刷厂印刷

*

开本:787毫米×960毫米 1/16 印张:9¾ 字数:144千字
2021年8月第一版 2021年8月第一次印刷
定价:**78.00**元
ISBN 978-7-112-26198-7
 (37755)

前　言

随着我国城镇化建设的快速推进，为满足我国建筑工业化、住宅产业化发展的重大需求，装配式结构、防屈曲支撑钢管混凝土结构等具有高性能结构得到了大力推广及应用。同时，大量地震学历史资料表明85%以上的地震是以地震序列的形式出现，大量前震或余震会明显增大结构的破坏程度，进而增大震害经济损失并且加重人员伤亡。由于前震、主震和余震的接连作用会对结构产生累积损伤，因此有必要研究地震序列对结构性能的不利影响。我国现行抗震设计规范仅考虑单次地震作用，忽略了地震序列对结构性能的影响，基于单独主震的抗震设计偏于不安全，合理考虑地震序列对结构性能的不利影响是具有重要科学意义与实用价值的关键问题。

本书是一本关于考虑主余震序列作用下高性能结构地震易损性的应用研究型著作。第1章介绍主余震序列及高性能结构发展历史和研究现状。第2章基于汶川地震历史数据建立主震、强余震衰减关系模型，主余震统计规律。第3章介绍了构造主余震序列型地震动的方法。第4~5章采用数值模拟方法研究主余震序列作用下装配式耗能剪力墙结构和防屈曲支撑钢管混凝土框架结构的易损性问题。首先，进行了单独主震和主余震序列作用下结构的非线性地震反应分析；其次，给出了地震概率需求模型和易损性分析的过程，最后获得了两种高性能结构在主余震序列作用下的易损性曲线并进行分析。本书可作为结构工程与防灾减灾工程专业本科生、研究生的参考书，也可供从事结构工程数值模拟和抗震减灾相关领域的科学技术研究人员以及从事结构工程设计、施工与监测等工程技术人员借鉴和参考用书。

本书由张皓、侯世伟共同撰写，张皓、王大伟统一定稿。

参加有关研究工作的有硕士生王志芳、姜思梦、高箐萌、徐忠泽等。本书的研究工作得到了"国家重点研发计划（2018YFD1100404）""国家自然科学基金重点项目（51738007）"的支持，在此致以衷心的感谢。同时感谢在成书过程中给予巨大帮助的老师、学生。

由于作者水平有限，书中不足之处在所难免，恳请广大读者不吝赐教。

张皓

2021 年于沈阳建筑大学

目 录

1

高性能结构地震易损性分析研究进展

1.1　研究背景

地震是地壳快速释放能量过程中产生的振动，属于一种自然现象。地球板块之间的相互挤压碰撞，是致使地震发生的主要原因。地球表面断裂带差异运动剧烈而产生的地应力较为集中且构造较脆弱的地段，极易发生强烈地震[1]。地震是破坏力极强的自然灾害之一，不仅能够造成巨大的人员伤亡和财产损失，还会诱发火灾、水灾、滑坡、泥石流等次生灾害。据不完全统计，从 1995 到 2011 年，世界范围内发生大地震超过 20 次，约 78 万人被夺去生命，图 1.1 给出了死亡失踪人数在 1000 人以上的地震发生地及其矩震级 M_w。20 世纪以来地震在世界范围内所造成的死亡人数高达 170 万，占各类自然灾害死亡总人数的 54%[2]。2017 年以来，全球发生了里氏 6 级以上地震高达 81 次，其中 6.0 ~ 6.9 级 73 次，7.0 ~ 7.9 级 7 次，8.0 级以上 1 次，2017 年 9 月 8 日，发生在墨西哥沿岸近海，达到里氏 8.2 级。世界范围内地震灾害频发，造成损失的直接原因主要是建筑物在地震作用下严重破坏和倒塌。因此，提高建筑物的抗震能力，减小地震造成的经济损失和人员伤亡是目前国内外地震工程领域学者广泛关注的问题。

我国幅员辽阔且地质构造复杂，地处欧亚大陆东南部，位于环太平洋地震带和欧亚地震带之间，存在多处地震断裂带，同时受太平洋板块、印度洋板块和菲律宾板块的挤压作用，导致地震频发，且地震发生范围广、破坏力强、造成生命财产损失惨重，表 1.1 统计了近 50 年内我国境内发生的强烈地震[2]。

近 50 年内中国境内强地震统计　　　　　　　　　　　　　　表 1.1

地震名称	发生时间	里氏震级	死亡人数	直接经济损失（亿元）
云南通海	1970 年 01 月 05 日	7.8	15621	2.9
四川炉霍	1973 年 02 月 06 日	7.6	2204	1.6
河北唐山	1976 年 07 月 28 日	7.8	242769	132.75
云南耿马	1988 年 11 月 06 日	7.6	7751	14
台湾集集	1999 年 09 月 21 日	7.6	2240	3412

续表

地震名称	发生时间	里氏震级	死亡人数	直接经济损失（亿元）
四川汶川	2008 年 05 月 12 日	8.0	69227	8451
青海玉树	2010 年 04 月 14 日	7.1	2698	349
新疆和田	2010 年 04 月 14 日	7.1	0	8.34

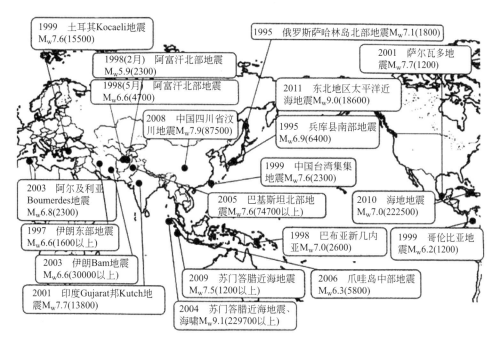

图 1.1　20 世纪末～21 世纪初强地震分布图

1976 年 7 月 28 日 3 时 42 分我国唐山地区发生里氏 7.8 级大地震，死亡人数位列 20 世纪世界地震史上第二位，致使 24 万人罹难，16 万人重伤，6 万栋建筑倒塌或严重破坏，直接经济损巨大。2008 年 5 月 12 日 14 时 28 分，汶川发生里氏 8.0 级特大地震，地震致使 7 万人遇难，37 万人受伤，51 个市区县沦为重灾区，数百万间房屋倒塌，直接经济损失达超过 8000 亿人民币。在汶川地震的财产损失中，房屋损失占总损失的 27.4%，图 1.2 为地震中倒塌的建筑。由此可见，地震中建筑倒塌破坏会直接导致大量人员伤亡和财产损失。因此，提高建筑物抗震能力，减少地震损失是建筑抗震设计亟待解决的关键问题。

图 1.2　地震中倒塌的房屋

　　由于构造板块和内部复杂应力之间相互作用，在地震发生时，多会以地震序列的形式出现。大量历史地震资料表明，地震的发生仅出现一次主震的概率极低，强烈地震的发生常伴随出现多次余震，或在主震出现之前有前震出现。据统计约89%的强烈地震发生后会伴随有强余震或较强余震发生[3]。即使通常地震序列中的前震或余震震级较小，但它们的地面运动强度可能很大，而且与主震频谱特性与能量释放均存在差异，建筑物在短时间内遭受连续多次的地震作用时，一般不能及时修复，导致累积损伤增加，增大建筑破坏概率。一般来说，地震序列对建筑物造成的影响通常比单次地震更大，余震使震损结构发生倒塌的案例较多，如图1.3所示。

(a) 滦河大桥倒塌　　　　　　　　　　　　　(b) 建筑物倒塌

图 1.3　余震导致震损结构倒塌案例

1952 年 7 月 21 日，美国加州南部发生里氏 7.7 级地震，一个月后出现 5.8 级强余震摧毁了贝克斯菲尔德（Bakersfield）城。2011 年 3 月 11 日，日本东北地区发生 9.0 级特大地震，是日本有史以来最大的地震，截至 2011 年 4 月 21 日 12 时，统计到日本东北地区发生震级不小于里氏 6.0 级余震 49 次，6.0 ~ 6.9 级余震 46 次，7.0 ~ 7.9 级余震 3 次，7.7 级最大余震发生主震 30 分钟后，强震及其引发的海啸造成了巨大的人员伤亡和经济损失。2012 年 4 月 11 日，印度尼西亚发生 8.6 级强震，在之后两小时内锡默卢岛附近海域又发生 6 次以上余震，其中一次余震达到 8.2 级。1999 年 9 月 21 日，我国台湾南投县集集镇凌晨 1 时 47 分发生里氏 7.6 级大地震，地震震源深度约 7 公里，主震发生当日，余震频繁，主震后 1 小时的里氏 6.8 级强余震是造成房屋建筑倒塌破坏的主要原因。2008 年 5 月 12 日 14 时 28 分，我国汶川地区发生里氏 8.0 级特大地震，截至 2008 年 7 月 15 日 12 时，该地区发生的了大于里氏 4.0 级的余震 233 次，其中 4.0 ~ 4.9 级地震 200 次，5.0 ~ 5.9 级地震 28 次，6.0 级以上地震 5 次，共计出现余震超过 5 万次，其中最大余震震级达到 6.4 级，汶川 4.0 级以上余震分布见图 1.4。2017 年 8 月 8 日，四川省阿坝州九寨沟县发生里氏 7.0 级地震，四川省地震台网共记录到余震总数 1334 个，最大余震震级达到 4.8 级，震灾区生命财产遭受重大损失，部分文物受损严重。

　　由上述案例可见，主震发生后余震会大概率出现，且次数多，余震作用会使结构产生附加损伤，加剧结构性能退化。主震过后余震出现的频率越高，由于不能及时修复对建筑物造成的累积损伤破坏就越严重，从而导致房屋建筑出现严重破坏或倒塌的概率大幅提高。目前，现有的国内外现行建筑抗震设计通常只考虑单一主震的作用，暂未考虑地震序列给建筑结构带来的不利影响，地震序列作用下结构响应与破坏机理的研究尚不透彻。因此，对工程结构在地震序列作用下的抗震性能与风险评估是具有重要的科学价值和工程指导意义。

　　随着我国城镇化建设的快速推进，装配式结构得到重视和推广。装配式结构具有施工周期短、机械化程度高、节约资源、保护环境等优点，符合绿色建

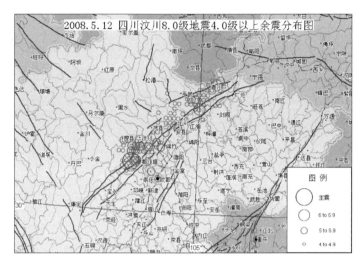

图 1.4　汶川大地震 4.0 级以上余震分布图

筑及现代建筑产业化的发展需求。装配式混凝土结构形式有框架结构、剪力墙结构和框架—剪力墙结构，其中装配式剪力墙结构因其良好的抗震性能广泛应用于现代建筑产业中。传统装配式剪力墙结构中存在大量的水平接缝和竖向接缝。目前工程上水平接缝主要采用灌浆套筒连接、浆锚连接等"湿连接"的方式；竖向接缝多采用水平向钢筋搭接，再后浇混凝土的方式，从图 1.5 可以看出，竖缝节点区域钢筋布置相对密集，极易产生钢筋碰撞，会在一定程度上加大施工难度，影响工程进度。基于此，本书提出一种高性能装配式耗能剪力墙，将软钢阻尼器作为干式连接件用于装配预制墙体的竖缝连接，一方面可减少水平钢筋连接量和现场混凝土浇筑量，有利于施工质量控制；另一方面可利用软钢阻尼器良好的耗能特性消耗地震能量，提高装配式结构的抗震性能。

　　防屈曲支撑结构体系是一种新型的高性能结构体系，如图 1.6 所示。防屈曲支撑在不同的国家有不同的称谓，日本学者鉴于防屈曲支撑的构成特点与其处理约束外套管的方法称之为无粘结支撑（Un-Bonded Brace，UBB），但是美国学者则是通过其受力特点来命名称之为防屈曲支撑（Buckling-Restrained Brace，BRB）。本书统一沿用防屈曲支撑的称谓。防屈曲支撑结构体系在内核钢支撑和外包钢管之间无粘接，或者在内核钢支撑和外包钢筋混凝土或钢管混

(a) 装配式剪力墙竖缝节点　　　　　　　(b) 装配式剪力墙竖缝节点直U形筋搭接

图 1.5　装配式剪力墙竖缝连接节点

凝土之间涂无粘结漆形成滑移界面，而且仅内核钢支撑与框架结构连接，以保证压力和拉力都只由内核钢支撑承受。滑移界面的材料和几何尺寸需要精心设计和施工，以允许内核钢和外包层之间相对滑动，同时约束内核钢支撑的横向变形，防止内核钢支撑在压力作用下发生整体屈曲和局部屈曲。

　　设置普通耗能支撑的钢管混凝土框架结构具有轻质高强、抗侧刚度大等优点，在高层和超高层建筑中应用较为广泛。而通过合理设计优化后设置防屈曲耗能支撑的钢管混凝土结构体系在地震发生时可有效避免支撑受压屈曲，能更充分的利用防屈曲耗能支撑的屈服耗能特性耗散地震能量，降低主体结构损伤，使结构体系具有良好的耗能能力和延性，提高结构整体安全性。近年来国内外学者对设置防屈曲耗能支撑的结构抗震性能进行了大量试验研究和理论分析。

　　由于地震灾害对人类生命财产安全存在较大的威胁，使得地震灾害风险分析得到更多的重视。地震风险分析包括地震危险性分析、地震易损性分析和地震灾害损失估计三个方面[4]。随着建筑结构抗震设计思想和方法的不断完善，逐渐改变了传统的依靠提高结构强度以增强结构抗震性能的设计方法，基于性能的抗震设计（Performance-Based Seismic Design，PBSD）思想和方法受到越来越多的关注。结构的易损性研究是基于性能的抗震设计思想的一部分，可以

图 1.6　防屈曲支撑结构体系

预测结构在不同强度的地震动作用下结构达到某种破坏状态的概率，因而开展装配式耗能剪力墙结构和防屈曲支撑钢管混凝土框架结构这类高性能结构体系在主余震序列作用下的易损性分析具有重要的理论研究意义和工程指导意义。

1.2　主余震序列作用下结构抗震性能研究进展

随着人们对余震认识的不断加深，国内外学者已在主余震序列型地震动构造及余震对结构性能影响方面开展了大量研究。对于地震序列的研究始于 19 世纪末[5]，但是研究焦点在于地震学中地震动的特征分析与地震动的衰减特征，并不完全属于土木工程领域，但是为地震序列作用下结构性能相关研究提供了理论基础。

国外最早将余震影响考虑到结构中是在 20 世纪 80 年代，Mahin 等[6]（1980）通过地震序列作用下单自由度结构的动力响应分析，发现地震序列会使结构的位移延性需求即结构最大位移与结构屈服位移比明显增大。

Amadio 等[7]（2003）研究了非线性单自由度体系在地震序列作用下的弹塑性反应，引入性能因子和损伤指数表征结构的损伤，结果表明：序列型地震动增加了体系的累积损伤且性能因子减小。

Kihak 和 Douglas[8]（2004）通过对钢框架结构在主余震序列型地震动作用下的地震反应分析得出：余震对结构损伤的影响与结构服役时间有关，服役时间较长的建筑物在余震作用下易出现更多附加损伤。

Luco 等[9]（2004）通过研究地震序列作用下单自由度结构体系的反应性态、反应规律和累积损伤特征，基于概率分析得出结论：结构受损后达到某一极限状态，结构的残余变形能力可用对应极限状态下的地震序列强度表示。

Fragiacom 等[10]（2004）通过分析地震序列作用下钢框架的动力响应，将多自由度结构体系等效为单自由度结构体系，并对比分析两者的地震响应以及累积损伤，建议针对地震序列的影响提高结构强度。

Hatzigeorgious 等[11][12][13]（2009～2010）根据 Gutenberg-Richter 法则提出主余震序列型地震动的构造方法，并对单自由度体系进行地震反应分析。研究表明：与单独主震作用相比，主余震序列型地震动作用下结构延性需求增大。

Yue-Jun 和 Yue[14]（2011）采用蒙特卡罗方法对一单层轻型框架结构在单独主震和主余震序列作用下的地震损失进行分析，结果表明：与单独主震作用相比，考虑余震作用后结构地震损失约增加 40%～61%。

Sarno[15]（2013）研究地震序列作用对 RC 框架结构非弹性响应的影响，认为地震序列作用对设计偏于保守的结构存在较大潜在威胁。

Liolios 和 Hatzigeorgious[16]（2013）对 8 个混凝土框架结构进行了在真实地震动序列和构造主余震序列作用下的地震反应分析，其中构造主余震序列时间间隔为 100s，以使结构恢复到静止状态。研究表明：主余震序列型地震动作用下结构的位移需求增大且结构损伤较严重，建议在结构抗震设计中考虑余震的影响。

Salami 和 Goda[17]（2014）采用 4 种具有不同抗震能力的木框架结构进行增量动力时程分析及地震损失评估，研究结果表明：考虑余震影响时结构层间位移角最大值增加约 5%～20%，地震损失增加约 10%。Goda 和 Salami[18]（2014）分别采用云图法和增量动力时程分析方法研究了主余震序列型地震动作用下木框架结构的地震反应。研究表明：考虑余震后结构的地震需求曲线中位值较单一主震作用时明显增大。Duerr[19]（2014）认为在评估建筑物的地震风险时，地震序列的影响应被作为一个重要的因素考虑。通过地震序列作用下钢筋混凝土框架结构的动力反应分析，发现地震序列明显加剧结构累积损伤，并针对该问题提出了相应减震优化方案。

Han 等[20]（2015）提出一种地震序列构造方法，该方法用于地震风险分析时能够综合考虑地面运动的不确定性。对比分析了真实地震序列与人工合成地震序列作用下钢筋混凝土框架结构的地震反应，合成的人工地震序列分析结果与真实地震序列结果基本一致，得出结论：仅考虑主震不考虑余震影响会严重低估结构的地震风险。

Hatzivassiliou 和 Hatzigeorgiou[21]（2015）首次研究了地震序列作用下三维钢筋混凝土结构的非线性动力响应，考虑了不同的地震动输入方向，将结构的顶点位移最大值作为主要动力响应参数，建议规范中应考虑地震序列对结构可靠性的影响。

Song 等[22]（2016）以一个典型的 4 层钢框架结构为研究对象，分析了地震序列对结构地震损失的影响。研究发现：即使地震序列对结构响应的影响不大，但由于破坏状态的不确定性，地震序列导致结构地震损失可能很大。

国内学者也针对地震序列开展了大量研究。1987 年，吴开统等[23]以唐山地震记录得到的地震序列研究了强余震序列活动特征，结果表明：在一次大震或强震过后会出现一系列余震，其中包括强度较高的余震，会使震区建筑物再次遭到破坏。

欧进萍和吴波等[24]-[28][29]（1993 ~ 1995）在地震序列对结构的影响方面做了一系列的研究。首先是对地震序列作用下的结构反应以及损伤机制进行研究，提出了单一主震与地震序列的随机地震动模型。接下来从构件角度出发，研究了 RC 压弯构件在地震序列作用下的弹塑性反应和损伤特性。研究表明：地震序列明显加剧了结构损伤，并提出了有损伤压弯构件的恢复力骨架曲线的建立方法。然后对混凝土框架结构进行了地震序列作用下的动力反应分析，发现地震序列作用下结构各动力响应指标与超越概率比单一主震下明显增加。

并建议结构抗震设计时考虑地震序列对地震影响系数影响，对地震影响系数加以修正。

赵金宝[30]（2005）对 6 个钢筋混凝土框架结构在不同地震序列组合作用下的地震响应进行分析，选择 Park-Ang 损伤指数作为损伤指标，构建了地震加速度与结构损伤的关系模型。研究发现：余震会增加震损结构的累积损伤。

马骏驰[31][32]（2004 ~ 2005）等采用 pushover 分析方法和静力循环往复加载方法研究了单次地震作用和接连两次地震作用下 6 层钢筋混凝土框架结构响应特性。结果表明：连续地震作用会对结构造成很大程度的累积损伤。

管庆松[33]（2009）以汶川地震中一栋 4 层钢筋混凝土框架结构为研究对象，采用 SAP2000 有限元软件对该混凝土框架结构的 4 个模型进行主余震作用下的地震反应分析，研究了其在主余震作用下的破坏机理，结果表明：余震作用会加剧结构损伤。

温卫平[34]（2011）提出了基于 NGA 构造主余震序列型地震动的方法，研究了主余震序列型地震动作用下单自由度体系的地震反应，结果表明：余震作用下结构的滞回耗能较单独主震作用时有所增加。

朱贺[35]（2012）对 4 个典型震损框架填充墙再次输入地震进行地震反应分析，结果表明：地震作用对震损严重的框架填充墙的影响较为明显，并且结构的梁端裂缝与塑性铰的产生分布也与单次地震作用下有明显差别。

陈佳斌[36]（2012）基于 ABAQUS 软件平台建立钢筋混凝土框架柱有限元模型，在主余震作用下对其进行弹塑性动力时程分析，比较了不同地震动组合作用下钢筋混凝土框架柱的破坏特征，结果表明：柱在遭受主震作用后，余震的作用会进一步加深其破坏程度，不同的破坏程度跟地震动组合之间具有一定的相关性。

侯富涛[37]（2013）基于真实与构造的主余震序列型地震动，研究了非线性单自由度恢复力模型的等延性强度折减系数。结果表明：余震强度与主震强度比值较大时，余震对结构的等延性强度折减系数的影响较大。

朱瑞广等[38]（2014）对 1/2 比例非延性钢筋混凝土框架结构进行地震序列

作用下的地震模拟振动台试验，分析地震序列作用下结构破坏形态及动力响应。结果表明：地震序列幅值对结构累积损伤发展有一定影响，且损伤程度与地震序列频率特性相关。

温卫平[39]（2015）针对地震序列地震动参数以及地震损伤谱进行一系列研究，并提出了一种新的地震序列预测公式。研究表明：余震地震动预测公式与主震参数有关，结构的滞回耗能比延性系数更有效的反应地震序列带给结构的附加损伤，地震序列损伤谱可以更好地应用于结构抗震设计与性态评估。

薛云勤[40]（2016）建立一栋5层钢筋混凝土框架结构有限元模型，研究了主震与余震的时间间隔以及不同损伤指标对结构反应及累积损伤特性的影响，结果表明：构造主余震序列型地震动时，主震和余震地震动之间的时间间隔可以根据需要选取，余震作用下结构所产生的附加损伤是由结构在主震中的损伤程度和余震地震动特性共同决定的。

李钱等[41]（2016）对某超限高层框架—核心筒结构在单独主震与主余震序列型地震动作用下进行非线性动力时程分析，研究结果表明：与单独主震作用相比，主余震序列型地震动作用下结构滞回耗能有较大的增幅，且余震会加剧结构构件累积损伤。

于晓辉等[42]（2017）选取真实主余震序列型作为地震动输入，研究了余震对震损结构的二次损伤作用，定量评价了余震对结构所产生的增量损伤，研究结果表明：余震对结构产生的增量损伤与结构周期以及主震和余震的卓越周期有关，与短周期结构相比，主余震序列作用下中长期结构的增量损伤更大。

综上所述，地震序列相较单次地震作用会对建筑结构造成更严重的伤害，随着余震次数和强度的提高，极有可能大幅度提高建筑结构的倒塌风险。

1.3　地震易损性分析研究进展

随着土木工程技术的不断发展，工程技术人员逐渐意识到不断增强结构的强度并不能保证结构的安全，因此，基于性能的抗震设计（Performance-Based Seismic Design，PBSD）受到越来越多的重视，结构的易损性研究是基于性能的设计思想的重要组成部分，目前结构易损性研究已经成为土木工程界的热点研究领域。

地震易损性分析（Seismic Fragility Analysis）主要预测建筑结构在不同水准地震作用下，结构达到或超越各级破坏状态的概率。地震易损性可以理解为一个确定区域内因地震发生所造成损失的程度，它是以数值的方式量化灾害的程度，并对其进行评定，即对地震预测区内未来可能发生的地震造成建筑物的破坏和损失的程度做出较为准确的预测。如果结构在地震作用下没有抵御地震的能力，发生破坏，那么其破坏概率为 1;相反，若建筑物在地震作用下完好无损，则其破坏概率为 0。

地震易损性表征的是在不同地震危险性水平下，承载体发生不同破坏状态的可能性。地震易损性从概率的意义上定量地刻画了承灾体的抗震性能，从宏观的角度描述了地震动强度与承灾体破坏程度之间的关系。将易损性分析方法应用于建筑结构抗震设计中，可以更加准确预测建筑结构的破坏概率。地震易损性分析的具体流程如图 1.7 所示。

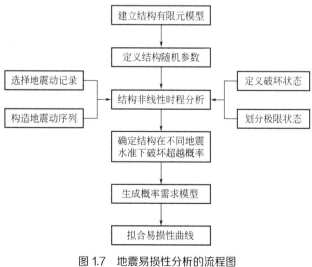

图 1.7　地震易损性分析的流程图

以分析数据来源不同，易损性分析方法主要有判断法、经验法、试验法和分析法。

判断法主要基于专家和工程人员的个人经验，可以针对不同类型建筑进行的估计和判断。1973 年，美国学者 Whiteman 就提出了易损性概率矩阵方法（DPM）用来预测地震后结构损伤。

经验法主要基于以往发生的地震的建筑震害数据，通过对结构损伤数据的整合得到经验易损性曲线，该种易损性分析方法比较实用。日本学者 Miyakoshi 和 Hayashi 通过分析 1995 年阪神大地震后的房屋损伤观测数据，得到该地区的房屋损伤参数方程和建筑结构的经验易损性分析模型[43]。

试验法可以自由地选择符合应用的模型，但在研究过程中受到试验样本的数量、试验设备和外加荷载类型的影响，目前一些建筑子结构和局部构件的易损性研究采用此种方法。

分析法则通过建立有限元数值模型，输入真实地震动或人工构造地震动进行时程分析或静力推覆分析结构能力谱和需求谱，进而得到结构的易损性曲线。该种方法易于控制加载水平，能够实现对损伤参数的研究。因此，分析法是目前应用较为广泛的易损性研究方法。

通过以上方法，国内外学者对地震作用下不同结构形式的易损性分析展开了诸多研究。

地震易损性分析始于 20 世纪 80 年代末，Hwang 等[44]-[46]（1989 ～ 1990）先后针对钢筋混凝土结构、钢筋混凝土框架结构和平板结构等进行了大量的地震易损性分析。

具有真正意义的结构易损性分析始于对核电站的分析，Ghiocel 等[47]（1998）考虑土—结构相互作用的基础上对美国东部地区某核电站进行了地震易损性评定。因为核电站一旦发生破坏导致泄漏，将会给人类社会和人民生命安全带来不可挽回的损失，其后，地震易损性逐步发展应用于各类土木基础设施、工程结构和重要结构以及非结构构件的震害预测中。

Ozaki 等[48]（1998）分别采用线弹性和非线性分析方法对日本一核反应堆

建筑进行易损性分析,结果表明,核反应堆建筑设计强度一般比普通建筑高很多。

Ellingwood[49](2001)基于可靠度设计理论对建筑结构进行地震易损性和风险分析,研究了不同形式的焊接节点对钢框架的地震易损性的影响,并在性能化设计理论框架下对木结构多灾易损性进行系统深入的研究。

Sasani 和 Kiureghian[50]-[51](2001,2002)在 RC 剪力墙地震易损性分析中研究中考虑了各种因素的不确定性,建立了 RC 剪力墙的概率需求模型,运用贝叶斯统计理论评估了 RC 剪力墙地震易损性。

Li 和 Ellingwood[52](2010)采用不同的主余震序列构造方法,分别对 9 层和 20 层的钢框架结构进行地震易损性分析,认为重复式的地震序列构造方法会过高估计结构地震响应且地震序列的频谱对结构的层间位移角最大值有一定影响。

Ryu 等[53](2011)利用增量动力时程分析方法对一个 5 层 RC 框架结构进行多次地震作用下的易损性分析,重点研究了震损结构的倒塌易损性。

Rahunandan 等[54](2012)将一栋 4 层 RC 框架结构等效为单自由度结构体系,以层间位移角最大值作为需求参数,得到易损性曲线,研究结果表明:余震产生的附加损伤会导致结构的抗倒塌能力下降约 30%。

Polese 等[55](2013)采用 pushover 分析方法,分析了 RC 框架结构在余震作用下的易损性。研究表明,余震作用下结构延性需求降低约 40%。

Li 等[56](2014)分别采用重复型、随机型和实测型地震序列研究了主震中出现震损的钢框架结构在余震作用下的倒塌概率。结果表明:结构抗倒塌能力随着主震强度的增大而降低,余震作用使震损结构出现倒塌的可能性极大。

Abdelnaby 和 Elnashai[57](2014)处理分析了日本东部大地震与新西兰基督城地震动记录,并将其作为地震动输入研究多次地震作用下钢筋混凝土框架结构地震响应与易损性,结果表明,地震序列作用会使结构产生明显的附加损伤,增大其破坏概率。

Nazari 等[58](2015)给出了震损木框架结构在余震作用下进入不同损伤状态的破坏概率分析方法,采用增量动力时程分析方法对两层木框架结构在余震作用下的地震易损性进行研究。结果表明：余震对结构是否发生倒塌影响不大，但对结构损伤状态影响较大。

在国内早期开展结构地震易损性研究中，杨玉成等[59]（1990）在 80 年代初期就对多层建筑地震易损性展开了系统的研究，对其进行了震害预测，此后和美国斯坦福大学 Blume 地震工程中心合作，共同开发了 PDSMSMB-1 系统，并以唐山、海城、通海等地震中多层砖砌体结构为研究对象，验证 PDSMSMB-1 系统震害预测结果的准确性。

魏巍等[60]（2002）提出了适用多层砖房、多层及高层钢筋混凝土房屋的地震易损性分析方法（MSP 方法），结果表明：采用 MSP 方法对结构进行地震易损性分析可以方便地判断结构的破坏状态，从而可以对整个结构的抗震能力进行综合评价。

尹之潜[61]（2004）通过大量的实测地震动记录及震害调查资料，基于概率方法给出了结构震害预测方法，以损伤指数是用于建立需求模型，对不同形式结构进行地震易损性分析，形成了一系列完整的地震风险分析理论。

温增平等[62]（2006）提出了一种基于概率的易损性分析方法，该方法适用于钢筋混凝土结构的地震易损性分析，综合考虑地震环境以及场地条件的影响，使工程结构地震易损性分析方法得到进一步完善。

刘晶波等[63]（2010）提出了一种基于性能的地震易损性分析方法，同时考虑了结构和地震动输入的不确定性，对两种不同类型的方钢管混凝土框架结构其进行了地震易损性分析，比较了两个结构的地震易损性差异。

韩淼等[64]-[65]（2010 ~ 2011）采用增量动力时程分析法和能力谱法进行剪力墙结构和框—剪结构地震易损性分析，给出了结构失效概率和 PGA 之间的函数关系式，得到不同设防烈度下结构的震害矩阵，为该类结构的地震灾害损失评估提供理论依据。

吴巧云等[66]（2012）进行了基于性能的钢筋混凝土框架结构地震易损性分析，分别考虑了地震动峰值加速度、阻尼比为 5% 的谱加速度、近场及远场地震动等影响，定义了结构极限破坏状态，得到了钢筋混凝土框架结构地震易损性曲线。

武坤芳[67]（2012）采用蒙特卡罗法人工合成地震序列，考虑了地震动不确定性。基于改进的 Park-Ang 损伤指标，采用 OpenSees 建立一栋 6 层钢筋混凝土框架结构有限元模型，分析了该模型在 100 条主余震序列作用下的结构反应及地震易损性。研究表明，与单独主震相比，主余震序列导致结构附加损伤增加约 5%～35%。

何益斌等[68]（2013）通过基于性能的静力弹塑性分析，定义了混合结构地震需求参数的 4 个性能水平限值，分析得到高层钢框架 - 混凝土核心筒结构的易损性曲线，进行了结构的抗震性能评估。

苏亮等[69]（2014）提出了基于位移的地震易损性评估方法，根据结构位移能力需求、结构高度以及有效自振周期之间的力学解析关系，将位移能力谱与地震位移需求谱统一到同一坐标中，进行了钢筋混凝土结构易损性参数敏感性分析。

李瑜瑜[70]（2014）采用 OpenSees 建立一栋 5 层钢筋混凝土框架结构有限元模型，基于损伤指数研究主余震 PGA 比例系数、振幅对结构附加损伤的影响，得到地震易损性曲线，结果表明：余震越强，引起结构附加损伤越大，当余震与主震幅值相同时，余震引起的结构附加损伤约为 25%。

郑山锁等[71]（2014）考虑到钢材锈蚀会引起结构的抗震性能的退化，研究了钢材锈蚀对钢框架结构易损性的影响。

徐骏飞等[72]（2015）基于增量动力分析方法给出单独主震和主余震作用下钢筋混凝土框架的易损性曲线，并对主余震作用下框架结构生命周期费用进行评估，结果表明：主余震序列作用下结构失效概率会明显提高。

徐超[73]（2016）以 12 层全现浇钢筋混凝土框架结构为研究对象，分析得到结构的易损性曲线，考虑了场地条件对结构易损性的影响，结果表明：当地震动强度水平较高时，场地类别对结构破坏概率有影响。

王勃[74]（2017）对主余震序列作用下 RC 框架结构易损性及破坏概率进行预测，通过多元参数建立概率需求模型，以层间位移角作为需求参数，对比分

一　高性能结构地震易损性分析研究进展

析单独主震与主余震序列作用下的结构易损性差异。

马富梓[75]（2017）对钢筋混凝土框架结构进行动力时程分析，在使结构出现震损后，进行结构倒塌易损性分析。得出结论：主震损伤程度越大，结构在余震作用下倒塌概率越高。

徐金玉[76]（2018）选取汶川地震实测主余震记录作为地震动输入对钢筋混凝土框架结构进行地震响应和易损性分析，结论表明：结构经历过主震后，余震对不同损伤程度的主震震损结构有不同影响主震损伤程度越大，余震的影响越大。

综上所述，国内外学者对于地震易损性的相关研究，都在逐步完善中，研究成果也随之日趋成熟，但是研究成果主要还是针对单次地震作用较多，针对主余震序列作用下结构地震易损性分析的相关研究还需进一步开展。

1.4 装配式剪力墙结构接缝受力性能研究进展

装配式剪力墙结构是装配式结构中应用最为广泛的一种结构形式，在装配式剪力墙结构中存在大量的水平和竖向接缝，这些接缝的处理方式对该类结构的抗震性能影响较大，国内外学者对装配式剪力墙接缝连接方法以及抗震性能进行了研究。

Becker 等[77]（1980）对预制混凝土剪力墙进行非线性弹塑性地震反应分析，结果表明：当水平缝节点受力性能较差时，预制剪力墙易出现剪切破坏。

朱幼麟和刘寅生[78]（1980）对全装配式大板结构缩尺模型进行了静力和动力加载试验研究，结果表明，大板结构中水平接缝和竖向接缝对结构的内力分布及刚度均具有显著影响，结构的整体性和延性均能满足抗震设计要求。

Rizkalla 等[79]（1989）对 7 个带有水平缝节点的剪力墙构进行静力加载试验，以验证抗剪键的连接性能的可靠性，研究结果表明：在水平接缝上设置抗剪键可增强装配式剪力墙的抗剪能力。

Hutchinson 等[80]（1991）对 9 片装配式混凝土剪力墙进行单调加载试验以

研究后张预应力筋水平接缝性能，研究结果表明，接缝承载力和空心楼板抗剪承载力中的较小值决定剪力墙构件水平接缝的抗剪切性能。

Soudki 等[81]（1996）对设置水平缝的装配式混凝土剪力墙结构的水平接缝进行拟静力试验，研究结果表明：水平缝节点的受力变形过程分别为滑移前的弹性状态，接缝破坏前的弹塑性状态和接缝滑移破坏状态。

Kurama[82]（2005）对采用软钢阻尼器和后张预应力钢筋连接的水平缝节点的预制装配式混凝土剪力墙进行试验研究，结果表明：连接方式可靠，软钢阻尼器可改善后张预应力节点的耗能性能，提高该类墙体的耗能能力。

钱稼茹等[83]（2011）对 4 个竖向钢筋采用不同连接方法的预制墙进行拟静力试验，研究结果表明：预制剪力墙试件破坏形态与现浇剪力墙试件大致相同，不同的连接方法具有一定的可靠性。

刘家彬等[84]（2013）对采用水平接缝 U 形闭合筋连接的足尺装配式混凝土剪力墙进行了低周反复荷载试验并与现浇试件受力性能对比，研究结果表明：装配式混凝土剪力墙的破坏形态和耗能能力与现浇试件大致相同。

Sun 等[85]（2015）对新型装配式剪力墙进行单调和循环加载试验研究，结果表明：装配式剪力墙水平接缝连接性能可靠，具有良好的抗震性能。

李宁波和钱稼茹[86]（2016）等对 4 个采用竖向钢筋套筒挤压连接的预制钢筋混凝土剪力墙结构进行试验研究,研究表明,该连接方式能有效传递钢筋应力,可以达到小震不坏、中震可修、大震不倒的结构的三水准抗震设防目标。

武藤清[87]（1984）在设计霞关大厦时首次提出开缝剪力墙的概念，在墙中按一定间距设置纵向缝将墙体分割为一排并列的"臂柱"，其目的是改变整体剪力墙的受力性能和机理，使剪力墙由原来的墙板受剪切为主转变为各个墙肢受弯为主，从而大大提高剪力墙的延性。

Chakrabari 等[88]（1988）对 29 个预制竖缝剪力墙试件进行抗剪试验研究，基于试验结果确定了剪力墙竖缝节点连接墙体的承载力和剪切刚度。研究结果表明：竖缝节点的抗剪性能与节点处后浇混凝土强度和钢筋量等多种因素有关。

Pekau 和 Hum[89]（1991）采用非线性动力时程分析方法研究了在采用摩擦

型连接装置对预制墙体抗震性能的影响。结果表明：该种连接方式能有效减小结构地震响应，提高结构抗震性能。

叶列平等[90]（1999）提出了新型双功能带缝剪力墙，采用有限元方法分析了结构在线弹性状态下的受力性能，给出了侧移刚度的计算公式。

Crisafulli 和 Restrepo[91]（2003）提出使用开圆孔矩形钢板在竖缝位置连接预制剪力墙的方法，通过理论和试验研究给出了该连接方式的剪切刚度、屈服强度和极限强度的简化计算方法。研究结果表明：该种连接方法具有可靠性。

Pantelides 等[92]（2003）提出了使用碳纤维增强聚合物 FRP 加固装配式剪力墙的方法，并对其进行拟静力试验研究。结果表明：FRP 复合材料可有效传递荷载。

孙香花和左晓宝[93]（2006）对 4 片带竖缝高强混凝土剪力墙试件进行低周反复水平荷载试验，以研究竖缝对墙体水平承载力影响，结果表明：带竖缝墙体的延性及耗能能力均有所增强。

刘继新等[94]（2012）为验证预制装配式墙体干式连接和型钢边缘构件的有效性，设计两组试验墙体，进行水平向拟静力加载，研究结果表明：干式连接可以有效传递剪力，采用型钢约束边缘构件具有较好的延性。

李晗等[95]（2014）对装配式竖缝剪力墙进行低周反复荷载试验研究，结果表明，预制竖缝剪力墙具有良好的承载力和耗能性能。

袁新禧等[96]（2014）提出一种新型的带竖缝及金属阻尼器的预制剪力墙，对缩尺模型进行水平低周往复加载试验，结果表明：与现浇墙体相比，新型预制墙体的承载载力略微降低，具有良好的抗震性能和耗能能力。

霍连锋[97]（2015）提出了开缝耗能剪力墙，建立了开缝耗能剪力墙的力学模型，分析了不同侧向荷载作用下消能器竖向刚度对开缝耗能剪力墙的内力分布和变形性能影响。

Srithara 等[98]（2015）提出设置端柱的后张预应力墙体，墙体与端柱之间的竖缝采用易于更换的软钢连接件，研究结果表明：该种软钢连接件可增加墙体的性能，该体系可有效减缓损伤，具有自恢复能力。

Twigden 等[99]（2017）为研究后张拉预应力墙体在循环荷载作用下的受力性能，对 4 片后张拉预应力墙（两片单摇摆墙和两片设置端柱墙体）进行试验研究，结果表明：端柱处的 O 型阻尼器可提高墙体耗能，每个 O 型阻尼器大约可以提供附加阻尼约为 1.1% ~ 1.4%。

1.5　防屈曲支撑研究进展及应用

人们对地震灾害频繁发生的恐惧和对生命财产安全保障要求的提高，导致学者们对结构抗震水平有了更高的要求[100]（2008）。在结构上安装特殊减振耗能装置提高结构的减震耗能能力，改变了传统意义上利用建筑结构自身耗能——"硬碰硬"式的抗震形式，耗能装置在许多实际工程中得到广泛应用。

目前已有的耗能装置主要有以下几类：流体粘滞阻尼器和粘弹性阻尼器、金属阻尼器以及摩擦阻尼器。防屈曲耗能支撑是金属阻尼器的一种，通过在普通支撑的外围设置约束套筒，抑制支撑受压时的屈曲而不限制其受力时的自由伸缩，实现支撑无论受压还是受拉状态都表现为全截面屈服。通过合理的设计，可以使防屈曲支撑在罕遇地震发生时能够率先屈服，利用其滞回耗能特性耗散地震能量，保护主体结构安全。

设置普通耗能支撑的钢管混凝土框架结构具有轻质高强、抗侧刚度大等优点，在高层和超高层建筑中应用较为广泛。而通过合理设计优化后设置防屈曲耗能支撑的钢管混凝土结构体系在地震发生时可有效避免支撑受压屈曲，能更充分的利用防屈曲耗能支撑的屈服耗能特性耗散地震能量，降低主体结构损伤，使结构体系具有良好的耗能能力和延性，提高结构整体安全性。近年来国内外学者对设置防屈曲耗能支撑的结构抗震性能进行了大量试验研究和理论分析。

Wakabayashi 和 Nakamura[101]（1973）对防屈曲支撑的研究开展较早，提出用无粘结材料来约束钢板防止其屈曲。并且研究了不同无粘结材料对支撑钢板防屈曲性能影响。结果表明：支撑钢板具有很好的滞回性能，整体屈曲得到了很好的抑制作用，其防屈曲效果与无粘结材料自身的强度息息相关。

Shuhaibar[102] 将防屈曲支撑应用到结构中，将外套管套在轴向受力构件外，防止其发生屈曲，这一举动就是防屈曲支撑的雏形，在此之后国内外学者们按照此原理对防屈曲支撑展开一系列研究。

美国的学者在北岭地震后加强了对防屈曲支撑的研究。Clark 等[103]（1999）对三组大比例的带有防屈曲支撑钢框架进行试验研究研究，通过对防屈曲支撑进行低周疲劳试验得出防屈曲支撑的结构耗能能力与滞回受力性能，这一系列试验研究被美国联邦紧急救援署的 FEMA-450 记录在册。

近年来，我国有越来越多的学者广泛关注防屈曲支撑的研究，并取得了丰硕的成果。蔡可铨等[104]（2005）研究了无粘结材料对于防屈曲支撑滞回耗能特性的影响，发明了双管式防屈曲支撑，即在每个管筒内各放置一片内核钢板，将两单元端部用夹节点板进行连接，并对这种新型防屈曲支撑进行了试验与数值模拟分析。

刘建彬[105]（2005）通过有限元软件对外部套管内部填充混凝土的防屈曲支撑进行数值模拟分析。研究其构件各部分组成对防屈曲支撑力学性能的影响，同时通过对比分析得出了防屈曲支撑构件中约束比等参数的合理取值范围。

王水清[106]（2010）通过理论研究，推导出带有防屈曲支撑钢管混凝土框架结构的弹塑性刚度矩阵及动力方程，并通过与带有普通支撑的结构进行对比分析得出结论：带有防屈曲支撑的结构具有更良好的延性和耗能性能。

郝星[107]（2012）以防屈曲支撑加固的实际工程为案例对比分析在罕遇地震下带有普通支撑与防屈曲支撑的整体结构的地震响应，得出结论：防屈曲支撑结构比普通支撑具有更良好的性能。对防屈曲支撑进行低调反复加载试验表明，防屈曲支撑荷载—位移曲线饱满，在进入弹塑性状态下耗能效果良好。

鉴于防屈曲支撑能够优化和控制结构的整体性能，其在工程应用的实例也越来越多，不仅能够用于新建结构建筑中，还可以对既有建筑进行抗震加固。

防屈曲支撑在日本的工程应用最早，且应用数量也最多，同时也是在这方面拥有全球专利权最多的国家（表1.2）。为近年来日本采用防屈曲支撑的部分建筑。1995 年日本神户地震后至今，防屈曲支撑已在日本 300 多个大小结构中得到应用。

日本防屈曲支撑应用的部分使用情况			表 1.2
建筑名称	建筑层数	防屈曲支撑使用钢材	使用性质
日本原宿大厦	18	日标 SN490B	新建建筑
情海岛国特里顿广场 Y 号楼	39	日标 SN400B	新建建筑
野田板神 2 号楼	19	低屈服点钢材 LYP100	新建建筑
花园涩谷建筑楼	14	低屈服点钢材 LYP100	新建建筑
中之岛 MT 大厦	23	低屈服点钢材 LYP235	新建建筑
北野医院	15	低屈服点钢材 LYP235	新建建筑
静冈县新厅大厦	16	低屈服点钢材 LYP100	结构加固
竹中公司	9	低屈服点钢材 LYP235	结构加固
大阪港大桥	—	低屈服点钢材 LYP100	抗震加固

　　美国自 1994 年北岭地震之后，也加强了对防屈曲支撑的试验研究和工程应用。自第一例应用防屈曲支撑于实际工程的加州大学戴维斯分校农业与环境科学学院植物科学大楼的落成，到目前为止美国已经建成的或正在建造的使用防屈曲支撑的结构达 30 多栋。我国防屈曲支撑研究与工程应用正处于发展阶段，目前采用防屈曲耗能支撑的工程实例越来越多，如北京银泰中心大厦、上海古北财富中心主楼、上海世博园区的世博中心和西安西部机电科技商务中心等，防屈曲支撑的减震设计和施工技术水平都逐步提高。中国台湾也是防屈曲支撑应用较多的地区，包括台北县政府行政大楼、台北科技大学国际大楼、台中国泰世华国际大楼等很多新建和加固工程中防屈曲支撑应用的实现，都预示着其较强的发展潜力。

2

主余震衰减关系模型及统计规律

地震动衰减关系模型的研究对于工程场地设计地震动的估计，地震区划图的编制、震后临时台站的布设有重要意义。本章从"国家强震动台网中心"获得 2008 年汶川地震主余震地震动记录，基于该数据分别开展了主震、强余震以及主余震衰减模型研究。

2.1 地震动衰减模型的发展

周锡元等[108]（2001）基于集集地震数据提出地震动衰减关系模型如式（2.1）。

$$\log\left(PGA\right) = c_1 + c_2 \lg\left(R + c_3\right) \tag{2.1}$$

Kanai 等[109]（1963）首次在地震动衰减模型中引入震级 M 的影响；

$$\log\left(PGA\right) = c_1 + c_2 M + c_3 \log R \tag{2.2}$$

Esteva[110]（1970）引入近场饱和因子 R_0；

$$\log\left(PGA\right) = c_1 + c_2 M + c_3 \log\left(R + R_0\right) \tag{2.3}$$

Mcguire[111]（1978）引入场地因子 S 并分别考虑了基岩地表和土层地表的影响；

$$\log\left(Y\right) = c_1 + c_2 M + c_3 \log\left(R + R_0\right) + c_4 S \tag{2.4}$$

李新乐等[112]（2004）提出近断层地震动衰减模型，其中 M_w 为矩震级；

$$\log\left(PGA\right) = c_1 + c_2 M_w + c_3 \ln\left(R^2 + 10^2\right)^{0.5} \tag{2.5}$$

式（2.1）~式（2.5）中，PGA 为地面运动峰值加速度；M 为震级；R 为震中距；R_0 为近场饱和因子；取值在 5 ~ 30km 之间，根据文献[113]取 15km；Y 为 PGA 或 PGV，PGV 为地面运动峰值速度；S 为场地因子，当 $S=1$ 表示土层场地，$S=0$ 为基岩场地；M_w 为矩震级；c_1、c_2、c_3 分别为回归系数。

国内外学者针对地震动衰减模型方面进行了一系列的研究，目前已经取得了一些突破性进展。但关于断层类型、上下盘效应、破裂方向性[114]（2008）等因素的研究仍较为匮乏，缺乏通用的地震动衰减模型。本章采用汶川地震主余震数据进行地震动衰减关系模型研究，截至 2008 年 9 月 30 日，汶川地区固定台站及流动台站共记录 405 组共 1215 条主震地震动记录，821 组 2463 条余震地震动记录。由于台站在地震动过程中易发生倾斜导致记录数据相互干扰，因此本书数据均通过基线校正与频域滤波[115]（2019）处理，校正方法为一次线性校正，图 2.1 为某台站的未校正的加速度时程曲线与校正后的加速度时程曲线。将加速度时程曲线进行积分即得到速度时程曲线，图 2.2 给出了该台站未校正的速度时程曲线与校正后的速度时程曲线对比情况。可以看出，经过处理后的加速度时程与速度时程终点时刻的加速度与速度值均归零，峰值加速度与峰值速度并未出现较大改变，较好的消除了时程曲线的漂移。

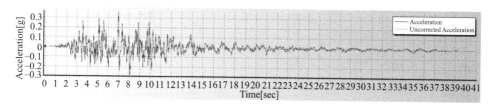

图 2.1 加速度时程曲线校正

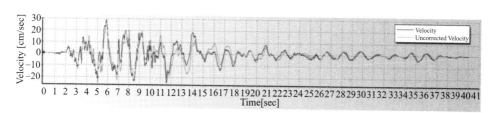

图 2.2 速度时程曲线校正

将所有台站的数据进行基线校正后，根据震中位置以及各台站的经纬度即可通过理论分析计算得到震中距。分别考虑震级、震中距、近场饱和效应、场地类别等因素基于水平方向峰值加速度、水平方向峰值速度、竖直方向峰值加速度与水平方向峰值加速度比值、竖直方向峰值速度与水平方向峰值速度比值四个主要参数分别研究主震、余震衰减关系，最后给出主余震的统计特性。

2.2 主震衰减模型

图 2.3 给出了主震衰减关系拟合所用的台站数量与震中距之间的关系，台站多为中远台。采用公式（2.4）中考虑基岩与土层场地的地震动衰减模型分别进行主震 PGA 和 PGV 的拟合，震级 M 取 8.0，采用非线性最小二乘法进行拟合。在统计分析时，暂未考虑发震断层类型及震源破裂方向性的影响，近似取震中距与断层距相等。

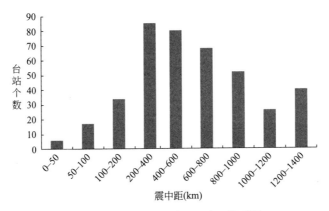

图 2.3　台站个数与主震震中距关系图

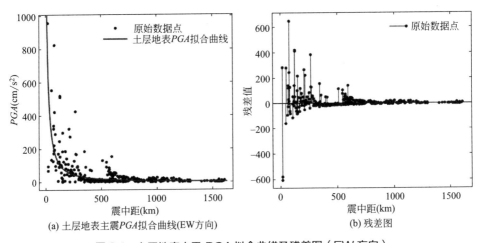

(a) 土层地表主震 PGA 拟合曲线(EW方向)　　　　(b) 残差图

图 2.4　土层地表主震 PGA 拟合曲线及残差图（EW 方向）

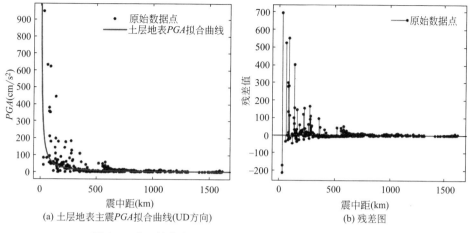

(a) 土层地表主震 *PGA* 拟合曲线(UD方向)　　　　(b) 残差图

图 2.5　土层地表主震 *PGA* 拟合曲线及残差图（UD 方向）

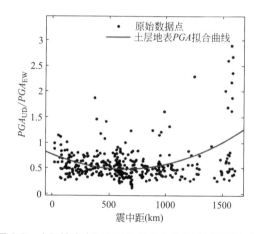

图 2.6　土层地表主震 *PGA* 拟合曲线（UD/EW 方向）

　　由于篇幅所限，图 2.4 ~ 图 2.6 分别给出了土层地表 EW 方向、UD 方向、UD 方向 /EW 方向三种情况下主震 *PGA* 随震中距变化的拟合曲线及残差图，由图 2.4（a）可知，*PGA* 值随震中距的增大逐渐减小，且衰减速率逐渐减缓。当震中距大于 1600km 时，*PGA* 值趋近于 0；由图 2.5（a）可知，UD 方向的拟合曲线与 EW 方向拟合曲线趋势大致相同，当震中距约为 100km 时，衰减速率开始减缓，当震中距大于 1600km 时，*PGA* 值趋近于 0，UD 方向的 *PGA* 值小于 EW 方向；由图 2.4（b）与图 2.5（b）的残差图可知，原始数据点大致呈对称分布，*PGA* 值较大时，由于数据点相对较少，导致残差略大，且随着震中距不断增大，原始数据点在残差图中的对称性增强，残差逐渐减小；由图 2.6 可知土层地表 UD/EW 方向 *PGA* 比值随震中距增加先减小后增大，且 EW 方向比 UD 方向 *PGA* 衰减快。

图 2.7 ~ 图 2.9 分别给出了土层地表 EW 方向、UD 方向、UD 方向 /EW 方向三种情况下主震 *PGV* 随震中距变化拟合曲线及残差图，由图 2.7（a）与 2.8（a）可知，EW 方向和 UD 方向的 *PGV* 均随着主震震中距的增大逐渐减小，衰减速率逐渐变缓，EW 方向 *PGV* 值高于 UD 方向；由图 2.7（b）与图 2.8（b）可知，*PGV* 值较大时，由于数据点数量较少导致残差较大，且上部残差值明显大于下部残差值。随着震中距不断增大，原始数据点在残差图中的对称性增强，即残差逐渐减小；由图 2.9 可知，土层地表 UD 方向与 EW 方向 *PGV* 比值随震中距的衰减趋势与土 *PGA* 比值衰减趋势类似，随着震中距的增加先减小后增大，且 EW 方向 *PGV* 衰减较快。表 2.1 分别给出了土层地表所有方向主震 *PGA* 和 *PGV* 衰减关系相关参数，EW、NS、UD 三方向的 *PGA* 拟合度均大于 *PGV* 的拟合度，*PGA* 和 *PGV* 衰减关系曲线的拟合度均大于 0.9，且随着拟合度增加，均方根误差逐渐减小，说明拟合度较好。

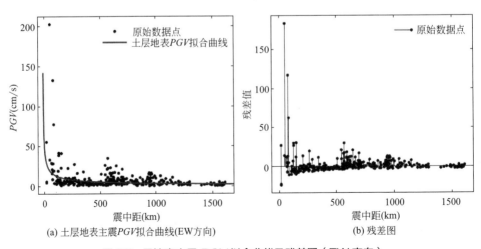

(a) 土层地表主震 *PGV* 拟合曲线(EW 方向)　　(b) 残差图

图 2.7　层地表主震 *PGV* 拟合曲线及残差图（EW 方向）

主余震序列作用下高性能结构地震易损性分析

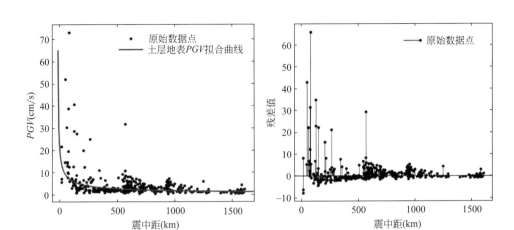

(a) 土层地表主震PGV拟合曲线(UD方向)　　　　　　(b) 残差图

图 2.8　土层地表主震 PGV 拟合曲线及残差图（UD 方向）

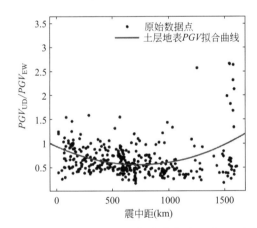

图 2.9　土层地表主震 PGV 拟合曲线（UD/EW 方向）

主震衰减关系模型最佳拟合优度（土层地表）　　　　　　表 2.1

场地类别	拟合参数	方向	c_1	c_2	c_3	c_4	拟合度 R^2	均方根误差
土层地表	PGA	EW	649.9	8.58	−0.59	−713	0.95	20.7
		NS	−352.1	71.17	−0.56	−212	0.95	18.74
		UD	2319	−1259	−0.52	7756	0.96	14.57
	PGV	EW	−1672	90.91	−0.31	947.6	0.93	20.21
		NS	60.24	−37.5	−0.25	241.8	0.92	20.96
		UD	−20.15	104	−0.26	−809	0.91	20.88

图 2.10 ~ 图 2.12 分别给出了基岩地表 EW 方向、UD 方向、UD 方向 /EW 方向三种情况的主震 PGA 随震中距变化拟合曲线及残差图。由图 2.10（a）与 2.11（a）可知，PGA 随震中距的增大逐渐减小，衰减速率逐渐减缓，且基岩地表下 EW 方向和 UD 方向 PGA 值明显小于土层地表的情况，说明土层地表对地震动的放大作用比基岩地表更加明显。由图 2.10（b）与 2.11（b）的残差图可知，EW 方向残差图较 UD 方向残差图相比，原始数据点的对称性明显增加，且随着震中距不断增大，残差不断减小。由图 2.12 可知，基岩地表 UD 方向与 EW 方向 PGA 比值随震中距增加呈缓慢上升趋势，当震中距大于 1500km 时，EW 方向、UD 方向 PGA 值趋于 0。

图 2.13 ~ 图 2.15 分别给出了基岩地表 EW 方向、UD 方向、UD 方向 /EW 方向三种情况下主震 PGV 随震中距变化拟合曲线及残差图。由图 2.13（a）与 2.14（a）可知，PGV 值随震中距的增大逐渐减小，且衰减速率逐渐减缓。EW 方向 PGV 值略大于 UD 方向 PGV 值，但二者均小于土层场地下的 PGV 值。由图 2.13（b）与 2.14（b）的残差图可知，原始数据点离散型较好，且随着震中距增大残差图中的对称性增强，残差逐渐减小。由图 2.15 可知，基岩地表下 UD 方向与 EW 方向 PGV 比值的拟合曲线较图 9 种 PGA 比值的拟合曲线相比整体上移，随着震中距的增加先增大后减小。表 2.2 分别给出了基岩地表各方向主震 PGA 和 PGV 衰减关系相关参数。基岩地表下各方向 PGA 拟合度均小于 PGV 的拟合度，说明基岩地表下 PGV 的拟合度更高，均方根误差更小。

主震衰减关系模型最佳拟合优度（基岩地表） 表 2.2

场地类别	拟合参数	方向	c_1	c_2	c_3	c_4	拟合度 R^2	均方根误差
基岩	PGA	EW	16780	2098	−0.64	0	0.87	20.2
		NS	−1598	200.3	−0.56	0	0.87	20.71
		UD	−3602	4507	−0.47	0	0.86	17.86
	PGV	EW	−8999	112.5	−0.36	0	0.90	11.94
		NS	−3896	487.3	−0.32	0	0.91	11.41
		UD	1023	−127	−0.33	0	0.92	11.20

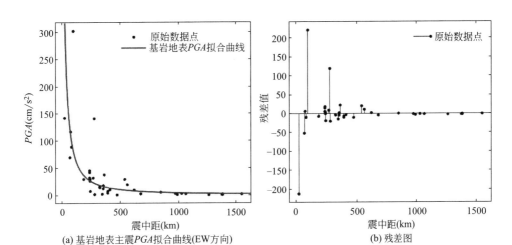

(a) 基岩地表主震PGA拟合曲线(EW方向)

(b) 残差图

图 2.10 岩地表主震 PGA 拟合曲线及残差图（EW 方向）

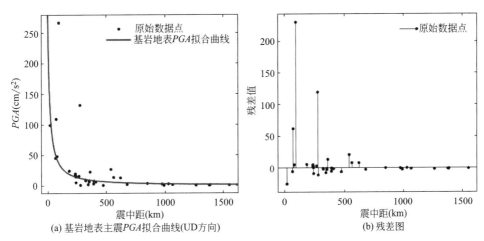

(a) 基岩地表主震PGA拟合曲线(UD方向)

(b) 残差图

图 2.11 基岩地表主震 PGA 拟合曲线及残差图（UD 方向）

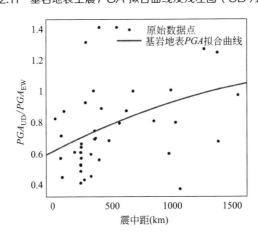

图 2.12 基岩地表主震 PGA 拟合曲线（UD/EW 方向）

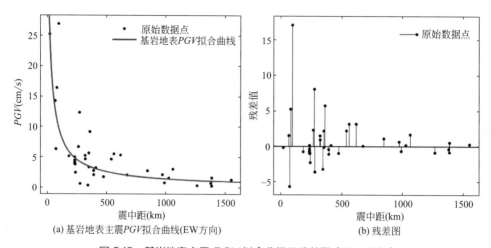

(a) 基岩地表主震PGV拟合曲线(EW方向)

(b) 残差图

图 2.13　基岩地表主震 *PGV* 拟合曲线及残差图（EW 方向）

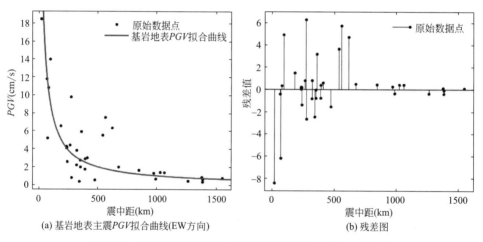

(a) 基岩地表主震PGV拟合曲线(EW方向)

(b) 残差图

图 2.14　基岩地表主震 *PGV* 拟合曲线及残差图（EW 方向）

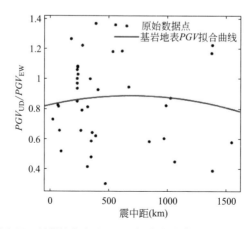

图 2.15　基岩地表主震 *PGV* 拟合曲线（UD/EW 方向）

2.3 强余震衰减模型

强余震地震动衰减规律与主震地震动衰减规律有所不同，其中的震级项 M 一般不是常数，相比更适用于三维衰减模型。本节中用于拟合的余震地震动记录为震级大于 5.0 级的强余震，采用文献 [116] 中介绍的 Trust-region 和 L-M 算法拟合强余震衰减关系模型合，同时考虑场地类别的影响，两种算法分别采用了指数型和对数型的修正公式。

$$PGA = 10^{(c_1 + c_2M + c_3\log(R + R_0) + c_4S)} \tag{2.6}$$

$$\log(PGA) = c_1 + c_2M + c_3\log(R + R_0) + c_4S \tag{2.7}$$

Trust-region 算法又名信赖域算法，其原理为主要是利用式（2.8）和（2.9）中的二次模型式来模拟目标函数 $f(x_k)$，再用二次模型计算出位移 s 以及下一目标点的位移变量，从而计算出目标函数的下降量，最后根据下降量来决定扩大或缩小信赖域，进而得到优化分析结果，属于一种常用的优化算法。

$$minq^k(s) = f(x_k) + g_k^Ts + \frac{1}{2}s^TG_ks \tag{2.8}$$

$$s.t. \| s \| \leqslant h_k \tag{2.9}$$

其中，自变量 s 为位移，$f(x_k)$ 为目标函数，g_k^T 为梯度，G_k 为 Hesse 矩阵，h_k 是第 k 次迭代的信赖域上界，又称为信赖域半径。

L-M 算法的全称是 Levenberg-Marquardt，当信赖域模型中的范数取 2- 范数时（即 $\| s \|2 \leqslant h_k$），即为该算法，它是利用梯度求最大（小）值的算法，同时又具有梯度法和牛顿法的优点。属于使用最广泛的非线性最小二乘算法。

表 2.3 分别列出了土层地表各方向强余震 PGA 衰减关系的相关参数，其中 Trust-region 算法与 L-M 优化算法差异性不大，各方向回归系数规律性较强，指数型公式拟合度大于对数型，但指数型均方根误差却又高于对数型均方根误差，可能由于震级不完备，各参数权重值无法界定等原因所致。由于篇幅所限，仅以 EW 方向为例给出分析结果。图 2-16、图 2-17 分别给出了采用 Trust-region

主余震序列作用下高性能结构地震易损性分析

算法得到的土层地表 EW 方向指数型及对数型 *PGA* 随震级和震中距变化的拟合曲面、*PGA* 等值线及残差图。可以看出，余震震级在 5.5 ~ 6.0 之间存在震级断档，残差图对称性较差，上部残差值较大，但曲线的拟合度基本满足要求。采用 Trust-region 算法时，对数型比指数型离散度小，残差图对称性较好。图 2.18 给出了采用 *L-M* 算法得到的土层地表 EW 方向指数型及对数型 *PGA* 随震级和震中距变化的拟合曲面。可以看出，采用 *L-M* 算法时，对数型拟合公式的离散性则明显高于指数型，且对数型的拟合曲面更加饱满。

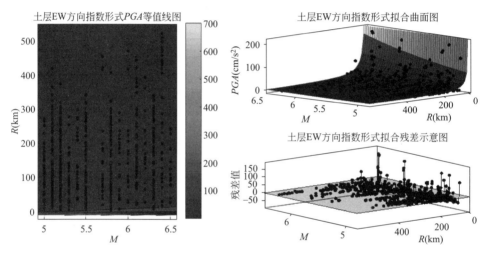

图 2.16　土层地表 EW 方向余震 *PGA* 等值线及残差图（Trust-region 算法，指数型）

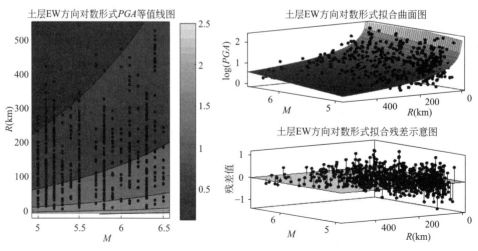

图 2.17　土层地表 EW 方向余震 *PGA* 等值线及残差图（Trust-region 算法，对数型）

036

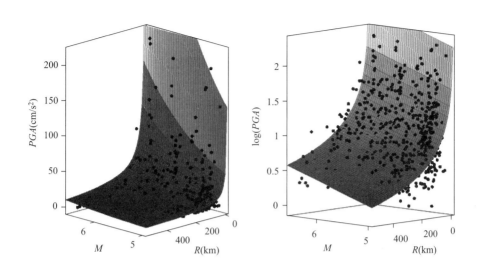

(a) 对数型　　　　　　　　　(b) 指数型

图 2.18　土层地表 EW 方向余震 PGA 拟合曲面（L-M 算法）

强余震衰减关系模型最佳拟合优度（土层地表）　　　　表 2.3

拟合方向	回归算法	模型形式	c_1	c_2	c_3	c_4	拟合度 R^2	均方根误差
EW	Trust-region	指数型	0.86	0.37	−0.79	0.86	0.76	6.94
		对数型	0.57	0.28	−0.60	0.51	0.33	0.86
	L-M	指数型	0.51	0.42	−0.79	0.51	0.66	8.96
		对数型	0.47	0.33	−0.48	0.47	0.38	0.45
NS	Trust-region	指数型	0.74	0.27	−0.74	0.75	0.67	12.64
		对数型	0.64	0.11	−0.65	0.65	0.54	0.65
	L-M	指数型	1.13	0.42	−0.89	1.13	0.77	7.65
		对数型	0.76	0.32	−0.59	0.76	0.44	0.56
UD	Trust-region	指数型	0.84	0.31	−0.68	0.84	0.76	8.68
		对数型	0.42	0.22	−0.54	0.42	0.44	0.78
	L-M	指数型	1.45	0.48	−0.67	1.45	0.68	7.64
		对数型	0.68	0.34	−0.53	0.68	0.49	0.87

　　表 2.4 列出了基岩地表各方向强余震 PGA 衰减关系的相关参数，相比于土层地表，基岩地表下布设的台站数量相对较少，曲面拟合度较土层地表略有下降。由于篇幅所限，以 EW 方向为例给出分析结果。图 2.19、图 2.20 分别给出了采

主余震序列作用下高性能结构地震易损性分析

用 Trust-region 算法得到的基岩地表 EW 方向指数型和对数型 PGA 随震级和震中距变化的拟合曲面，可以看出，采用 Trust-region 算法时，对数型拟合曲面更加饱满，残差图对称性相对较好。图 2.21 给出了采用 L-M 算法得到的基岩地表 EW 方向 PGA 随震级和震中距变化的拟合曲面，可以看出，采用 L-M 算法时，对数型拟合曲面更加饱满，残差图更对称，误差较小。

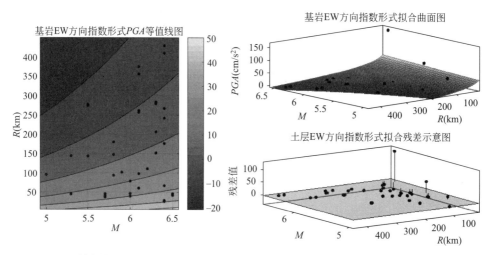

图 2.19　基岩地表 EW 方向余震 PGA 等值线及残差图（Trust-region 算法，指数型）

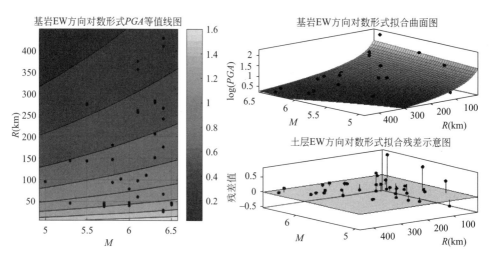

图 2.20　基岩 EW 方向余震 Trust-region 算法（对数）PGA 等值线及残差图

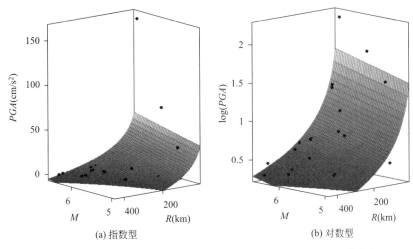

图 2.21　基岩 EW 方向余震 L-M 算法（指数与对数）PGA 拟合曲线

强余震衰减关系模型最佳拟合优度（基岩地表）　　　　　表 2.4

拟合方向	回归算法	模型形式	c_1	c_2	c_3	拟合度 R^2	均方根误差
EW	Trust-region	指数型	1.33	0.38	−0.59	0.66	10.95
		对数型	1.19	0.27	−0.41	0.33	2.42
	L-M	指数型	1.45	0.32	−0.52	0.67	9.41
		对数型	1.14	0.29	−0.45	0.35	3.32
NS	Trust-region	指数型	1.45	0.19	−0.56	0.69	10.42
		对数型	1.21	0.36	−0.44	0.45	2.55
	L-M	指数型	1.69	0.23	−0.58	0.59	13.22
		对数型	1.37	0.36	−0.42	0.45	2.57
UD	Trust-region	指数型	0.86	0.36	−0.62	0.69	9.69
		对数型	0.74	0.29	−0.55	0.54	3.42
	L-M	指数型	0.76	0.48	−0.64	0.64	10.54
		对数型	0.68	0.19	−0.59	0.36	2.51

2.4　主余震统计规律

本节采用边冠博[117]（2012）提出的主余震统计规律模型拟合汶川主余震统

计特性，见式（2.10）。该式是由式（2.4）变换得到，PGA_{main}^3 替代式（2.4）中的震级项 M，PGA_{main}^2 替代路径项 R，PGA_{main} 替代场地项 S。选取汶川地区 53 个固定台站记录到的主震与余震地震动记录，图 2.22 给出了所用的台站数量与主震震中距、余震震中距之间的关系图。采用非线性最小二乘法进行拟合，建立主余震统计特性。由于受到台站数量的限制，暂不考虑场地类别影响。

$$PGA_{\text{after}} = c_1 PGA_{\text{main}}^3 + c_2 PGA_{\text{main}}^2 + c_3 PGA_{\text{main}} + c_4 \qquad (2.10)$$

其中，PGA_{main} 为主震峰值加速度，PGA_{after} 为余震峰值加速度，c_1、c_2、c_3、c_4 为各参数项回归系数。

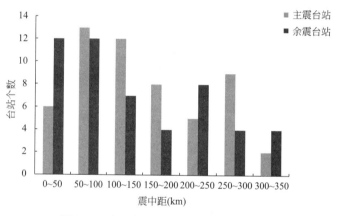

图 2.22　台站个数与主、余震震中距关系图

图 2.23 ~ 图 2.25 分别给出了 EW 方向、UD 方向、UD 方向 /EW 方向三种情况下余震 PGA 随主震变化的拟合曲线及残差图。由图 2.23（a）可知，当 PGA_{main} 在 0 ~ 700gal 范围内时，曲线呈上升趋势，余震 PGA_{after} 随着主震 PGA_{main} 的增大而增大；当 PGA_{main} 大于 700gal 时，曲线呈下降趋势，余震 PGA_{after} 随着主震 PGA_{main} 的增大而减小；由图 2.24（a）可知，当 PGA_{main} 在 0 ~ 150gal 范围内，曲线呈下降趋势，余震 PGA_{after} 随着主震 PGA_{main} 的增大而减小；当 PGA_{main} 大于 150gal 时，曲线呈上升趋势，余震 PGA_{after} 随着主

震 PGA_{main} 的增大而增大。由图 2.23（b）与 2.24（b）可以看出，EW 方向原始数据点在残差图中的对称性优于 UD 方向；受到台站数量的限制，残差均随着 PGA_{main} 的增大而增大。由图 2.25 可知，UD 与 EW 方向主震 PGA_{main} 与余震 PGA_{after} 比值的拟合曲线呈缓慢上升的趋势，最终趋于不变，说明二者之间相关性不明显。

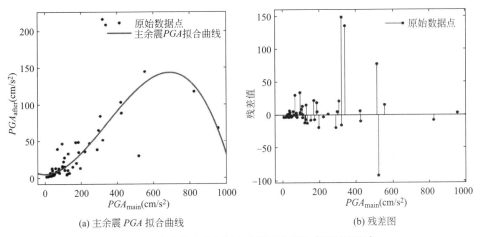

(a) 主余震 PGA 拟合曲线   (b) 残差图

图 2.23   主余震 PGA 拟合曲线及残差图（EW 方向）

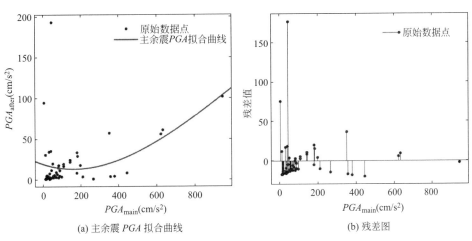

(a) 主余震 PGA 拟合曲线   (b) 残差图

图 2.24   主余震 PGA 拟合曲线及残差图（UD 方向）

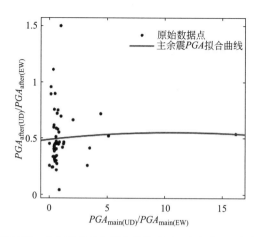

图 2.25　主余震 *PGA* 拟合曲线（UD 方向 /EW 方向）

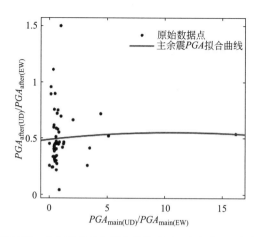

图 2.26 ~ 图 2.28 分别给出了 EW 方向、UD 方向、UD 方向 /EW 方向三种情况的余震 *PGV* 随主震变化的拟合曲线及残差图。由图 2.26（a）可以看出，当 PGV_{main} 在 0 ~ 60cm/s 范围内，曲线呈上升趋势，余震 PGV_{after} 随着主震的 PGV_{main} 的增大而增大；当 PGV_{main} 在 60 ~ 150cm/s 范围内时，曲线呈下降趋势，余震 PGV_{after} 随着主震 PGV_{main} 的增大而减小；当 PGV_{main} 大于 150cm/s 时，曲线呈上升趋势，余震 PGV_{after} 随着主震 PGV_{main} 的增大而增大；由图 2.27（a）可以看出，余震 PGV_{after} 与主震 PGV_{main} 近似呈线性关系，余震 PGV_{after} 随着主震 PGV_{main} 的增大而增大。由图 2.26（b）与 2.27（b）可以看出，当 PGV_{main} 值较小时，EW 方向、UD 方向的残差值较大，随着 PGV_{main} 值的增大残差值逐渐减小。由图 2.28 可以看出，UD 与 EW 方向主震 PGV_{main} 与余震 PGV_{after} 的比值的拟合曲线呈先增大再减小又增大的趋势。

表 2.5 给出了各方向主余震 *PGA* 和 *PGV* 衰减关系相关参数。可以看出，*PGA* 与 *PGV* 的拟合度均大于 0.8，其中 EW 方向的拟合度最高，均方根误差最小，拟合效果最好。

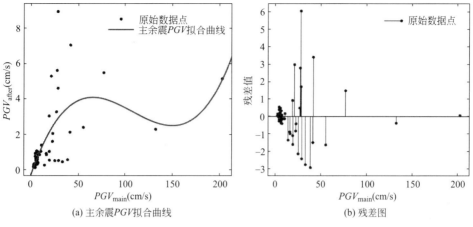

(a) 主余震 PGV 拟合曲线   (b) 残差图

图 2.26 主余震 PGV 拟合曲线及残差图（EW 方向）

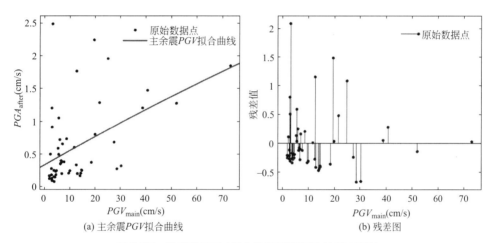

(a) 主余震 PGV 拟合曲线   (b) 残差图

图 2.27 主余震 PGV 拟合曲线及残差图（UD 方向）

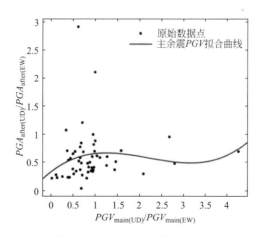

图 2.28 主余震 PGV 拟合曲线（UD 方向 /EW 方向）

2 主余震衰减关系模型及统计规律

主余震统计规律模型最佳拟合优度 表 2.5

拟合参数	方向	c_1	c_2	c_3	c_4	拟合度 R^2	均方根误差
PGA	EW	-8.1×10^{-7}	7.8×10^{-4}	0.05	1.51	0.90	13.28
	NS	-6.7×10^{-7}	9.1×10^{-4}	-0.11	14.04	0.85	18.02
	UD	5.8×10^{-8}	-2.9×10^{-5}	0.07	2.84	0.79	18.82
PGV	EW	4.3×10^{-6}	-1.3×10^{-3}	-0.11	0.86	0.86	18.32
	NS	-2.6×10^{-6}	1.5×10^{-4}	0.05	0.30	0.83	19.69
	UD	4.9×10^{-6}	-5.8×10^{-4}	0.04	0.09	0.84	19.22

3

主余震序列构造

3.1　地震序列

在强烈主震发生之后，余震对震损结构会产生一定程度的附加损伤。2010年在新西兰发生里氏 7.1 级地震，并未造成严重伤亡，但在发生的余震中，经济损失和人员伤亡数量激增，可见余震对地震损失以及人类生命安全存在着较大的威胁。目前，我国乃至世界上大多数国家的抗震设计规范只考虑了单独主震作用，并未将余震对结构产生的二次破坏作用考虑到结构抗震设计中。

由前震、主震、余震或者由其中部分构成的地震时空群集叫作地震序列。本书所构造的即前震—主震—余震型地震序列，指的是一个地震序列中有一个较大的地震（主震），主震前有前震，主震后有余震的序列类型。地震序列有两种分类形式，若按照震级分类：主震（地震序列中最大地震）震级为 M_0，最大强余震震级 M_1，则震级差 $\Delta M = M_0 - M_1$。若震级差 $\Delta M > 2.5$ 且余震少，则为孤立型；若 $0.6 \leqslant \Delta M \leqslant 2.4$，则为主余型；若较大地震与其他震级差小于 0.5，且次数在三次或三次以上，则为震群型。若按照能量划分，地震序列中最大地震能量为 E_0，全序列总能量为 E，两者比值为 $R_E = E_0/E$。若 $R_E \geqslant 99.9\%$，则为孤立型；若 $90\% \leqslant R_E \leqslant 99.99\%$，则为主余型，若 $R_E < 90\%$，则为震群型。已有研究表明：大陆浅源强震序列可分为主震—余震型、震群型和孤立型，统计表明[118][119]，地震序列中主震—余震型约占 60%，震群型约占 25%，孤立型地震只占 15% 左右。其中，主震—余震型地震序列可分为前震—主震—余震型和主震—余震型；震群型地震序列又可分为逐渐升级式地震序列和震级相近的主震型地震组合式；孤立型地震则是主震震级突出，前震和余震出现的次数较少而且震级较小。

国内外学者们一致认为地震序列对于建筑物的影响不容忽视，但地震序列的真实记录太少，因此对地震序列的构造进行了系统的研究。由于地震序列的真实记录太少，国内外学者在研究时多数采用人工合成的方法构造地震序列，迄今为止许多学者提出了不同的合成方法，列的主要方式分成以下三种：

（1）重复式。其原理是将余震（前震）的特征等同于主震，余震（前震）即是主震重复一次或多次，形成地震序列。

（2）随机式。其原理是在构造地震序列时，从非主震集合中随机选择一条地震作为余震（前震）。

（3）衰减式。其原理是在统计学经验关系的基础上，用地震动震级衰减公式来确定余震（前震）的地震峰值加速度，根据地震峰值加速度选取符合要求的其他真实地震动记录或者将主震调幅作为余震（前震）。

本章基于地震的概率模型与概率分析与已有学者的研究成果，综合真实地震动记录与人工合成方法构造一种能够合理应用于数值模拟计算的地震序列构造方法。选取了真实型地震动作为主震，通过将主震调幅作为余震（前震）构造出前震—主震—余震型地震序列用于输入结构进行地震反应分析。

3.2 地震序列发生概率

地震在时间和空间上都是随机发生的，地震的传播其实是个极具复杂的物理过程。由于地震存在极大的不确定性，目前认为用概率论的方法进行地震危险分析是即为合理的。在地震危险分析中，目前国内外公认应用最为广泛的地震发生时的概率模型是均匀泊松模型。即假设：

（1）地震的发生在空间上是完全独立的。

（2）地震的发生在时间上是完全独立的。

（3）同时同地点地震发生两次的概率为 0。

由此可产生这样的结论：在结构服役期间遭受两次或大于两次完全不相关的地震或者是地震序列的概率是微乎其微的，但是遭遇一次包含多个地震的地震序列的概率是极大的。因此，在此类序列型地震作用下的结构相关研究就显得尤为重要了。

在地震学研究中，最大余震发生于主震后一天之内的概率接近于 50%，即有 50% 的概率强余震发生于主震发生在一天以后，那么结构将在服役期间遭遇两次或者大于两次的强地震作用，即遭遇多次地震，分成两种情况：

（1）多次地震互不相关，两次或大于两次的独立地震。

（2）多次地震彼此相关，为同一地震序列。

分析情况（1），两个地震相互独立，概率公式可以写成 $P(E_1|E_2)=P(E_1)$。按照我国抗震设计规范中三水准抗震设防目标，小震不坏、中震可修、大震不倒。其中，小震指某一地区 50 年内超越概率 63%，相应等同于 50 年发生一次的地震，即为多遇地震；中震指某一地区 50 年内超越概率 10%，相应等同于 474 年发生一次的地震，即为设防地震；大震指某一地区 50 年内超越概率 2% ～ 3%，相应等同于 1600 ～ 2500 年发生一次的地震，即为罕遇地震。使用数理统计学中伽玛分布计算可得出多次地震的概率，见公式（3.1）和（3.2），结构在服役期间遭遇互不相关的多次设防地震的概率为 0.52%，遭遇互不相关的多次罕遇地震的概率为 0.02%。

$$P(X_{50} \geqslant 2) \frac{\Gamma\left(2, \dfrac{50}{475}\right)}{\Gamma(2)} = 0.52\% \qquad (3.1)$$

$$P(X_{50} \geqslant 2) \frac{\Gamma\left(2, \dfrac{50}{2475}\right)}{\Gamma(2)} = 0.02\% \qquad (3.2)$$

由多次地震的概率数据得知，对于大多数建筑物而言，在其服役期间遭遇互不相关的多次地震的概率是微乎其微的。因此，在数值模拟方向上，结构在其服役期间遭遇的地震以及多年后遭遇的该地震的余震，都可视为是一个地震序列。

3.3 地震动记录选取

地震动不确定性和结构不确定性是易损性分析中主要考虑的两个不确定性因素。Kwon 和 Elnashai[120] 对三层钢筋混凝土框架结构进行振动台试验和数值模拟，研究了强震地震动和结构参数的不确定性对易损性的影响，研究结果表明：地震动不确定性对易损性分析的影响最严重，远大于结构不确定性的影响。吕大刚等[121] 以一榀 5 层钢筋混凝土框架结构为研究对象，采用传统云图法和改进云图法建立概率地震需求模型，进而求出结构的地震需求易损性曲线，研究结果表明：与地震动的不确定性相比，结构不确定性对概率需求模型的影响很小。因此，本书在概率地震需求分析中仅考虑地震动不确定性的影响。

地震动本身具有很强的随机性，受震级、震中距、场地条件、地震波传播途径等多方面影响。地震动的选择过程其实是 RTR（Record-to-Record）不确定性建模过程，RTR 不确定性主要是通过选择一定数量的真实地震动来完成。在地震易损性中，地震动的不确定性也需要 RTR 不确定性来刻画。数理统计学认为：选取真实的地震动记录个数越多，得到的地震响应结果的可靠度就越高，但是当地震记录增加到一定数量以后，不确定性的可靠度会出现饱和现象。

近几年来，应用较为广泛的强震数据库有许多，例如日本的 K-net 强震数据库、欧洲的 ESD 强震数据库、美国太平洋地震工程研究中心（PEER）强震数据库。PEER 对其中的地震动进行了基线矫正与滤波处理，在进行分析研究时可以直接输入结构。

地震动基本参数为矩震级 M_w（Moment Magnitude）和震中距 R（Distance），矩震级描述地震动的强弱特性，震中距描述地震动的近场与远场特性。于晓辉[122]在进行地震需求研究中按照 M_w-R 条带法选取地震动记录分布在 4 个地震动选取条带。保证选取的地震动记录均匀分布在 4 个平面区域内，这样可以全面地考虑地震动的随机性以及最大限度地降低地震动离散性对数值模拟计算精度的影响。

4 个基本地震动区域：

（1）小震级小震中距（Small Magnitude and Small Distance，SMSR），范围是 $5.8 < M_w < 6.5$，$13km < R < 30km$；

（2）大震级小震中距（Large Magnitude and Small Distance，LMSR），范围是 $6.5 < M_w < 7.0$，$13km < R < 30km$；

（3）小震级大震中距（Small magnitude and large distance，SMLR），范围是 $5.8 < M_w < 6.5$，$30km < R < 60km$；

（4）大震级大震中距（large magnitude and small distance，LMLR），范围是

6.5<M_w<7.0，30km<R<60km。

从美国 PEER 强震数据库选取 80 条典型地震动作为主震，生成序列型地震动。挑选地震动记录的 M_w-R 分布情况，通过确定所选参数的极限值，将平面划分为 4 个基本地震动区域，如图 3.1 所示。选取真实地震动时尽量保证强度分布均匀，在 PGA 为 0 ~ 1.0g 范围内随机选取，充分考虑地震动的不确定性。

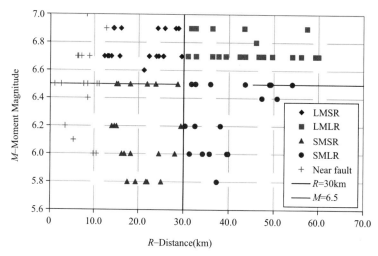

图 3.1 选取地震动记录区域的 M_w-R 分布

所选地震动记录 表 3.1

组别	记录 ID	事件	年份	震级	震中距（km）	台站
LMSR	AGW	Loma Prieta	1989	6.9	28.2	Agnews State Hospital
	CAP	Loma Prieta	1989	6.9	14.5	Capitola
	G03	Loma Prieta	1989	6.9	14.4	Gilroy Array #3
	G04	Loma Prieta	1989	6.9	16.1	Gilroy Array #4
	GMR	Loma Prieta	1989	6.9	24.2	Gilroy Array #7
	HCH	Loma Prieta	1989	6.9	28.2	Hollister City Hall
	HDA	Loma Prieta	1989	6.9	25.8	Hollister Differential Array
	CNP	Northridge	1994	6.7	15.8	Canoga Park – Topanga Can.
	FAR	Northridge	1994	6.7	23.9	LA – N Faring Rd.
	FLE	Northridge	1994	6.7	29.5	LA – Fletcher Dr.

组别	记录 ID	事件	年份	震级	震中距（km）	台站
LMSR	GLP	Northridge	1994	6.7	25.4	Glendale – Las Palmas
	HOL	Northridge	1994	6.7	25.5	LA – Holywood Stor FF
	NYA	Northridge	1994	6.7	22.3	La Crescenta–New York
	LOS	Northridge	1994	6.7	13.0	W Lost Cany
	RO3	Northridge	1994	6.7	12.3	Sun Valley – Roscoe Blvd
	B–WSM	Superstition Hills	1987	6.7	13.3	Westmorland Fire Station
LMLR	A–ELC	Borrego Mountain	1968	6.8	46.0	El Centro Array #9
	CEN	Northridge	1994	6.7	30.9	LA – Centinela St.
	DEL	Northridge	1994	6.7	59.3	Lakewood – Del Amo Blvd.
	DWN	Northridge	1994	6.7	47.6	Downey – Co. Maint. Bldg.
	LH1	Northridge	1994	6.7	36.3	Lake Hughes #1
	LOA	Northridge	1994	6.7	42.4	Lawndale – Osage Ave.
	LV2	Northridge	1994	6.7	37.7	Leona Valley #2
	PIC	Northridge	1994	6.7	32.7	LA – Pico & Sentous
	SOR	Northridge	1994	6.7	54.1	West Covina – S. Orange Ave.
	VER	Northridge	1994	6.7	39.3	LA – E Vernon Ave.
SMSR	H–CAL	Imperial Valley	1979	6.5	23.8	Calipatria Fire Station
	H–CHI	Imperial Valley	1979	6.5	28.7	Chihuahua
	H–E01	Imperial Valley	1979	6.5	15.5	El Centro Array #1
	H–E12	Imperial Valley	1979	6.5	18.2	El Centro Array #12
	H–E13	Imperial Valley	1979	6.5	21.9	El Centro Array #13
	H–WSM	Imperial Valley	1979	6.5	15.1	Westmorland Fire Station
	A–SRM	Livermore	1980	5.8	21.7	San Ramon Fire Station
	A–KOD	Livermore	1980	5.8	17.6	San Ramon – Eastman Kodak
	M–AGW	Morgan Hill	1984	6.2	29.4	Agnews State Hospital
	M–G02	Morgan Hill	1984	6.2	15.1	Gilroy Array #2
	M–G03	Morgan Hill	1984	6.2	14.6	Gilroy Array #3
	M–GMR	Morgan Hill	1984	6.2	14.0	Gilroy Array #7
	PHN	Point Mugu	1973	5.8	25.0	Port Hueneme
	BRA	Westmorland	1981	5.8	22.0	5060 Brawley Airport

主余震序列作用下高性能结构地震易损性分析

组别	记录 ID	事件	年份	震级	震中距（km）	台站
SMSR	NIL	Westmorland	1981	5.8	19.4	724 Niland Fire Station
	A–CAS	Whittier Narrows	1987	6.0	16.9	Compton – Castlegate St.
	A–CAT	Whittier Narrows	1987	6.0	28.1	Carson – Catskill Ave.
	A–DWN	Whittier Narrows	1987	6.0	18.3	Downey – Co Maint Bldg
	A–W70	Whittier Narrows	1987	6.0	16.3	LA – W 70th St.
	A–WAT	Whittier Narrows	1987	6.0	24.5	Carson – Water St.
	H–C05	Coalinga	1983	6.4	47.3	Parkfield – Cholame 5W
	H–C08	Coalinga	1983	6.4	50.7	Parkfield – Cholame 8W
	H–CC4	Imperial Valley	1979	6.5	49.3	Coachella Canal #4
	H–CMP	Imperial Valley	1979	6.5	32.6	Compuertas
	H–DLT	Imperial Valley	1979	6.5	43.6	Delta
	H–NIL	Imperial Valley	1979	6.5	35.9	Niland Fire Station
	H–PLS	Imperial Valley	1979	6.5	31.7	Plaster City
	H–VCT	Imperial Valley	1979	6.5	54.1	Victoria
	A–STP	Livermore	1980	5.8	37.3	Sewage Treatment Plant
	M–CAP	Morgan Hill	1984	6.2	38.1	Capitola
	M–HCH	Morgan Hill	1984	6.2	32.5	Hollister City Hall
	M–SJB	Morgan Hill	1984	6.2	30.3	San Juan Bautista
	H06	N. Palm Springs	1986	6.0	39.6	San Jacinto Valley Cemetery
	A–BIR	Whittier Narrows	1987	6.0	56.8	Downey – Birchdale
	A–CTS	Whittier Narrows	1987	6.0	31.3	LA – Century City CC South
	A–HAR	Whittier Narrows	1987	6.0	34.2	LB – Harbor Admin FF
	A–SSE	Whittier Narrows	1987	6.0	35.7	Terminal Island – S. Seaside
	A–STC	Whittier Narrows	1987	6.0	39.8	Northridge – Saticoy St.

组别	记录 ID	事件	年份	震级	震中距（km）	台站
Near fault	I–ELC	Imperial Valley	1940	7.0	8.3	El Centro Array #9
	C08	Parkfield	1966	6.1	5.3	Cholame #8
	H–AEP	Imperial Valley	1979	6.5	8.5	Aeropuerto Mexicali
	H–BCR	Imperial Valley	1979	6.5	2.5	Bonds Corner
	H–E05	Imperial Valley	1979	6.5	1.0	El Centro Array #5
	H–SHP	Imperial Valley	1979	6.5	11.1	SAHOP Casa Flores
	H–PVP	Coalinga	1983	6.4	8.5	Pleasant Valley P.P.
	M–HVR	Morgan Hill	1984	6.2	3.4	Halls Valley
	GOF	Loma Prieta	1989	6.9	12.7	Gilroy – Historic Bldg.
	G02	Loma Prieta	1989	6.9	12.7	Gilroy Array #2
	JEN	Northridge	1994	6.7	6.2	Jensen Filter Plant
	NWH	Northridge	1994	6.7	7.1	Newhall – Fire Station
	RRS	Northridge	1994	6.7	7.1	Rinaldi Receiving Station
	SPV	Northridge	1994	6.7	8.9	Sepulveda VA
	SCS	Northridge	1994	6.7	6.2	Sylmar – Converter Station
	SYL	Northridge	1994	6.7	6.4	Olive View Med FF

3.4 地震序列构造

由于实际记录的主余震序列型地震动数量较少，国内外学者均采用不同的构造主余震序列型地震动方法，研究主余震序列型地震动特性以及对建筑结构的破坏作用。

冯世平[123]（1990）将地震动调幅之后连接起来形成主余震序列，研究钢筋混凝土结构的动力反应。

牛荻涛[124]（1991）给定地震震级与该场地烈度之间的定量关系，可以由已知的主震烈度推导出余震烈度，得到主震与余震的烈度后，就可以逐步确定主震地震动与余震地震动的幅值、频谱与持时，通过这地震三要素来构造主余震序列型地震。

吴波和欧进萍[125]（1993）通过确定主震与余震地震动的幅值、频谱和持时来构造主余震序列型地震动。提出的这种地震序列的构造方法，给出了主震震级与余震震级之间的关系式（3.3）和式（3.4）。

$$M_{a1} = 0.5M_m + 2.02 \qquad (3.3)$$

$$M_{a2} = 0.32M_m + 2.98 \qquad (3.4)$$

其中：M_m 为主震震级；

M_{a1} 与 M_{a2} 分别代表第一次大余震震级与第二次大余震震级。

Quanwang Li 和 Bruce R.Ellingwood（1991）[126]针对结构地震作用下的随机动力分析提出了地震序列构造方法。根据余震震级的概率密度函数，给出主震震级的取值，通过蒙特卡罗模拟得到余震震级最大值的概率分布。余震震级的概率密度如式（3.5）表述。

$$f_{M_a}(m_a) = \frac{\beta \cdot e^{-\beta \cdot M_a}}{e^{-\beta \cdot M_{min}} - e^{-\beta \cdot M_{max}}} \qquad (3.5)$$

其中：M_a 表示余震任意震级；

m_a 为余震震级 M_a 的状态变量；

M_{max} 与 M_{min} 为余震最大震级与最小震级，M_{max} 取值 3.0，M_{min} 等于主震震级 M_m。

代入（3.5）式得到式（3.6）。

$$f_{M_a}(m_a) = \frac{\beta \cdot e^{-\beta \cdot M_a}}{e^{-3\beta} - e^{-\beta \cdot M_m}} \qquad (3.6)$$

其中：β 的取值如式（3.7），$\ln(\beta)$ 依赖于 M_m 的条件标准差为 0.41。

$$E(\beta) = e^{1.11-0.135M_m} \qquad (3.7)$$

M_a 大于 3.0 的余震次数 $N_a(3)$ 均值与 M_m 关系：

$$E\left(N_a\left(3.0\right)\right) = e^{-0.647 + 0.684M_m} \qquad (3.8)$$

其中：$\ln\left(N_a\left(3.0\right)\right)$ 依赖于 M_m 的条件标准差为 0.79。

由给定的主震震级大小，利用蒙特卡罗模拟可以得到最大余震震级的概率分布，重复上述步骤即可构造地震序列。

阚玉萍和丁文胜[127]（2008）采用统计回归的方法，得出地震动 PGA、地震动持时与震级之间的关系，给定主震震级值，再根据吴波和欧进萍给出的主震震级和余震震级关系就可求出余震震级大小、地震动持时和地震动 PGA 值。温卫平[128]（2011）提出基于 NGA 的主余震序列型地震动构造方法，采用 NGA 地震动衰减公式，根据断层距和场地确定 PGA 值并进行调幅，将不同的单独地震动任意组合从而构造出主余震序列型地震动。何政等[129]（2014）根据主震与强余震统计关系和 NGA 地震动衰减关系构造了主余震序列型地震动。杜云霞[130]（2017）为研究 3 层钢筋混凝土框架结构在两次地震作用下的地震反应分析，采用了较为简单的地震动序列构造方法，即改变地震动记录峰值中间加 100s 间隔时间首尾相连组成序列型地震动记录。

本书采用 Hatzigeorgiou G D 和 Beskos D E[131]（2009）应用 Gutenberg-Richter 法则和 Joyner-Boore 衰减规律的经验关系公式提出地震序列的构造方法，对选取的地震动进行前震—主震—余震型地震动构造。Gutenberg 等[132]（1954）指出不同震级的地震发生频度与震级之间存在对数关系，可用式（3.9）表示。

$$N = 10^{A-BM} \qquad (3.9)$$

其中：M 为震级；

N 为特定检测区域内发生震级为 M 的地震的次数；

A 和 B 均为常量，其中 A 为该地区地震发生总频率，B 通常取 1.0。

因此，在同一特定区域出现 N_1 次震级为 M_1 的地震与出现 N_2 次震级为 M_2 的地震可表示为式（3.10）。

$$M_1 + \log\left(N_1\right) = M_2 + \log\left(N_2\right) \qquad (3.10)$$

当 $N_1=1$，$N_2=2$ 时， 即 $\log(N_1)=\log(1)=0$，$\log(N_2)=\log(2)$ $=0.3010$。

根据公式（3.10）可知，若在该特定区域内发生任意一个震级为 M_1 的地震，在该区域内就可能会出现两次震级为 $M_2(M_2=M_1-0.301)$ 的地震。以发生一次 7.0 级地震为例，该地区将可能会对应出现两次震级为 6.7 级地震。

Chouhan 和 Srivastava[133] 指出，式（3.10）中的常量 B 也适用于同一地区的主震与前震以及余震序列情况。许多学者对于震级和地面峰值加速度之间的关系进行了大量的研究，其中 Joyner-Boore[134]（1982）通过总结大量历史数据，采用回归分析方法给出震级与地面峰值加速度的经验关系如式（3.11）所示。

$$\log(PGA)=0.49+0.23(M-6)-\log\sqrt{R^2+8^2}-0.0027\sqrt{R^2+8^2} \qquad (3.11)$$

其中：PGA 为地面峰值加速度，单位为 g；

$\quad$ M 为震级；

$\quad$ R 为震源距，单位为 km。

地震序列构造时采用 ∇PGA 来表征余震（前震）地震动的相对强度，即主余震地震动的峰值加速度的比值，如式（3.12）定义。

$$\nabla PGA=\frac{PGA_{as}}{PGA_{ms}} \qquad (3.12)$$

其中：PGA_{as} 为余震（前震）地震动的峰值地面加速度；

$\quad$ PGA_{ms} 为主震地震动的峰值地面加速度。

根据式（3.10）和式（3.11）可知，任意一个地区发生两次震级为（$M-0.3010$）地震与发生一次震级为 M 地震所对应的地面峰值加速比值式（3.12）所示，即得到某特定震级主震与两次余震（前震）PGA 之间关系式（3.13）。

$$\begin{aligned}\frac{PGA_{as}}{PGA_{ms}}&=\frac{PGA_{(M-0.3010)}}{PGA_{(M)}}\\&=\frac{10^{0.49+0.23(M-0.3010-6)-\log\sqrt{R^2+8^2}-0.0027\log\sqrt{R^2+8^2}}}{10^{0.49+0.23(M-6)-\log\sqrt{R^2+8^2}-0.0027\log\sqrt{R^2+8^2}}}\\&=10^{-0.23\times0.3010}=0.8526\end{aligned} \qquad (3.13)$$

由式（3.13）得到主余震峰值加速度比值 0.8526 可知，任意一个地区发生 PGA 等于 $A_{g,\,max}$ 的地震，都会发生两次 PGA 为 $0.8526 \cdot A_{g,\,max}$ 的地震。

综上所述，以上三种地震序列的构造方法都考虑了主震与余震（前震）幅值上的差别，Quanwang Li 和 Bruce R.Ellingwood 提出的构造方法在过程中需要用到蒙特卡罗模拟来确定主震与余震（前震）的震级大小，计算量较大。

吴波和欧进萍给出的构造方法比较系统，其中地震烈度是一个宏观变量，且提及调幅所得的余震（前震）可以以任意顺序出现在构造的地震序列中，即将地震动按照 0.8526，1，0.8526 系数进行排列从而形成前震—主震—余震型地震序列;若考虑一次主震后出现两次余震,可按 1 : 0.8526 : 0.8526 构造主震—余震型地震序列。本书将以前震—主震—余震的顺序构造地震序列作为主要研究序列。

Hatzigeorgiou 提出的构造方法较前两种方法相对简便，考虑的最大余震（前震）震级仅仅比主震震级小 0.3010,此种构造主余震方法可能会高估余震的作用。基于此在构造主余震过程中，对前震和余震进行调幅，调幅系数 δ 分别取为 0.4，0.6，0.8;且在模拟时前震与主震、主震与余震设为间隔 50s 以保证结构在进入下一次地震动作用时恢复到静止状态。以 Near fault 组 CO8-320 工况为例,图 3.2 和图 3.3 给出不同调幅系数下前震—主震—余震型地震序列加速度时程曲线图。

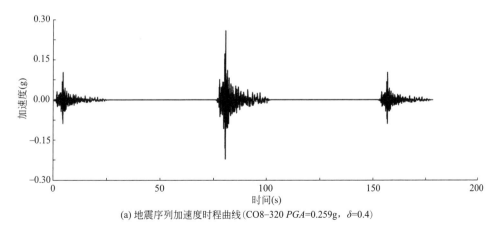

(a) 地震序列加速度时程曲线（CO8–320 PGA=0.259g, δ=0.4）

图 3.2　CO8–320 地震序列加速度时程图（一）

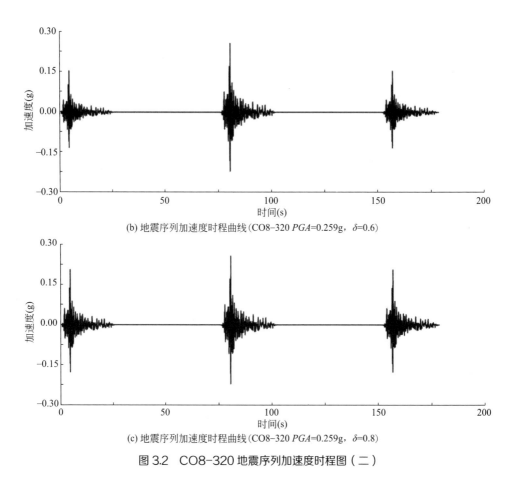

(b) 地震序列加速度时程曲线(CO8-320 PGA=0.259g, δ=0.6)

(c) 地震序列加速度时程曲线(CO8-320 PGA=0.259g, δ=0.8)

图 3.2 CO8-320 地震序列加速度时程图（二）

以 SMSR 组 A-CAS（PGA=0.332g）地震动工况为例构造不同 ∇PGA 的地震序列，见图 3.3。

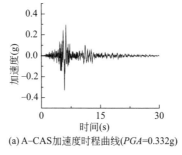

(a) A-CAS加速度时程曲线(PGA=0.332g)

图 3.3 A-CAS 地震序列加速度时程图（一）

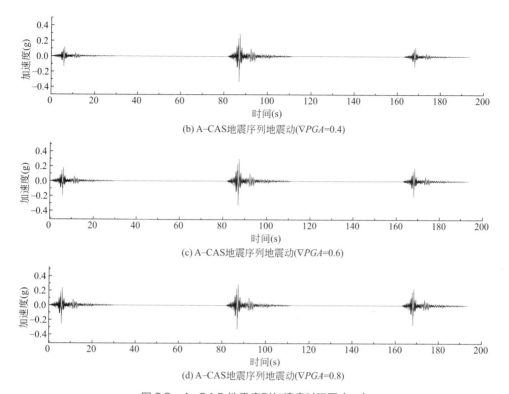

(b) A-CAS地震序列地震动(∇*PGA*=0.4)

(c) A-CAS地震序列地震动(∇*PGA*=0.6)

(d) A-CAS地震序列地震动(∇*PGA*=0.8)

图 3.3　A-CAS 地震序列加速度时程图（二）

4

主余震序列作用下高层装配式耗能
剪力墙易损性分析

4.1 装配式耗能剪力墙结构体系

剪力墙结构是多高层建筑常用的结构形式，预制装配式剪力墙结构可实现住宅产业化和建筑节能减排的目标。国内外学者对装配式剪力墙的节点、接缝和整体性能进行了大量研究以提高装配式剪力墙抗震能力。本书基于结构减震被动控制方法在土木工程领域的应用，将耗能减振装置—软钢阻尼器（Mild Steel Damper，MSD）作为墙体竖缝连接件引入到装配式剪力墙结构中。该种装置可在地震作用下作为结构第一道抗震防线消耗部分地震能量，突破了传统的仅依靠结构自身延性消耗地震能量的思想。软钢阻尼器作为一种耗能装置，制作简单方便，耗能效果较好，对于高层建筑结构中使用软钢阻尼器作为连接件装配预制墙体的抗震性能研究，尤其是地震序列作用下的易损性研究相对较少。

首先，在预制墙体竖缝节点处采用软钢阻尼器作为干式连接件，通过单层墙体的拟静力加载数值模拟验证了采用软钢阻尼器连接预制墙体的可靠性。其次，建立16层装配式耗能剪力墙和现浇剪力墙有限元模型，墙体采用通用性较好的壳单元，通过结构模态分析研究了装配式耗能剪力墙和现浇剪力墙动力特性差异；从 PEER 强震数据库选取矩震级和震中距取值范围较广的40条真实地震动作为地震激励研究了高层装配式耗能剪力墙和现浇剪力墙的地震反应，从顶层位移、层间位移角最大值以及墙体损伤等方面分析了高层装配式耗能剪力墙的抗震性能及减震效果。最后，进行主余震序列作用下的剪力墙结构易损性分析。

4.1.1 软钢阻尼器滞回性能研究

20 世纪 90 年代中期，被动耗能装置开始快速发展并应用于建筑结构中。在地震作用时，耗能装置可起到保护结构的作用，常见的被动阻尼器有黏滞流体阻尼器、粘弹性固体阻尼器、摩擦阻尼器、金属阻尼器等。其中，金属阻尼器属于位移相关型阻尼器，在弹性阶段，依靠其刚度起到连接作用不产生能量消耗；在塑性阶段，产生较大的塑性变形进而可以消耗地震能量。金属阻尼器中的软钢阻尼器造价低廉、耗能较好、力学性能稳定，因此，诸多学者对软钢阻尼器形状设计及力学特性进行了较为系统的理论和试验研究。李宏男等[135]对单圆孔型钢阻尼器和双 X 型钢阻尼器进行拟静力往复试验研究。研究表明：两种阻尼器均具备初始刚度大且耗能能力好的双重功能特性；采用 ANSYS 软件对安装了软钢阻尼器的减振结构进行数值仿真，也验证了耗能体系的减震效果。王超[136]用改进的连续圆孔型软钢阻尼器连接预制剪力墙并进行地震反应分析。结果表明：装配式耗能剪力墙的地震反应明显小于现浇剪力墙，软钢阻尼器可有效耗散地震能量。基于上述学者的研究，本书采用开孔半径为 55mm 的连续圆孔型软钢阻尼器，尺寸为 400mm×500mm，平面尺寸见图 4.1（a）。采用 ABAQUS 有限元软件，将阻尼器左侧端部固定，右侧施加低周往复荷载，分析得到阻尼器的力—位移关系曲线，见图 4.1（b）。图 4.1（c）为对应的阻尼器的 Mises 应力云图。可以看出，阻尼器中段 Mises 应力较大处（红色区域）为主要耗能区，阻尼器的滞回曲线较为饱满，具有良好的耗能能力，并将所得阻尼器性能参数应用于后续分析中。

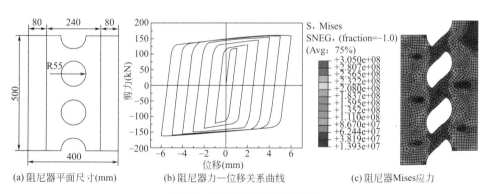

(a) 阻尼器平面尺寸(mm)　　(b) 阻尼器力—位移关系曲线　　(c) 阻尼器Mises应力

图 4.1　连续圆孔型软钢阻尼器

4.1.2　装配式墙体和现浇墙体受力性能对比分析

为验证软钢阻尼器作为连接件应用于装配式墙体竖缝节点的可靠性，采用 S4R 壳单元建立单层装配式耗能墙体有限元模型（Prefabricated Shear Wall，PSW），模型编号 PSW-1。墙体高 3m，宽 3m，左侧墙体开洞尺寸 1m×1.5m，右面墙体开洞尺寸为 1.5m×2m，通过 Rebar Layer 对墙体配筋，采用 4.1.1 节中软钢阻尼器（MSD）连接预制墙体，见图 4.2（a）。按照相应参数建立现浇墙体有限元模型（Cast-in-situ Shear Wall，CSW），模型编号 CSW-1，见图 4.2（b）。

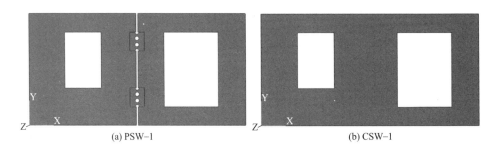

(a) PSW-1　　　　　　　　　　　　(b) CSW-1

图 4.2　墙体有限元模型

对墙体顶部分别施加竖向轴压力和水平单调位移荷载，图 4.3 为装配式耗能墙体和现浇墙体的 Mises 应力云图，可知 PSW-1 和 CSW-1 的 Mises 应力值相差不大且破坏模式大致相同，墙体整体呈剪切破坏，应力出现的最大区域在墙体右侧底部。

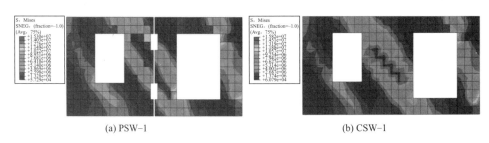

(a) PSW-1　　　　　　　　　　　　(b) CSW-1

图 4.3　墙体 Mises 应力云图

图 4.4 给出墙体 PSW-1 和 CSW-1 的荷载—位移曲线对比情况，CSW-1 与 PSW-1 极限承载力分别为 1860kN 和 1670kN，两者相差约 11.38%。可以看出，使用软钢阻尼器作为连接件装配预制墙体，其承载能力和刚度与现浇墙体大致相同，因此，将软钢阻尼器作为连接件用于预制墙体的竖缝节点具有一定可靠性。

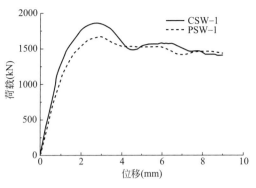

图 4.4 墙体荷载－位移曲线对比

4.2 高层装配式耗能剪力墙有限元模型

4.2.1 高层装配式耗能剪力墙有限元模型建立

通过单调荷载作用下 PSW-1 和 CSW-1 受力分析已验证了软钢阻尼器作为连接件用于预制墙体连接的可行性。基于软钢阻尼器的性能研究、装配式墙体和现浇墙体的抗震性能对比分析结果，建立高层装配式耗能剪力墙和现浇剪力墙，进一步验证该种连接方式的可靠性及高层装配式耗能墙体的耗能减振特性。以一栋 16 层装配式剪力墙结构为原型，图 4.5 为原型结构三维示意图和平面示意图，建筑平面尺寸为 12m ×18m。原结构中上下层相邻预制墙采用套筒灌浆连接，预制墙体竖向接缝采用水平向钢筋搭接再浇筑混凝土的形式，如图 4.6 所示。

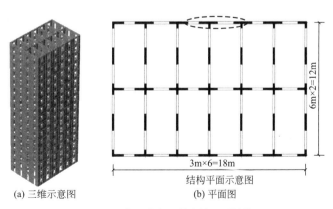

(a) 三维示意图   (b) 平面图

图 4.5 装配式高层剪力墙原型结构

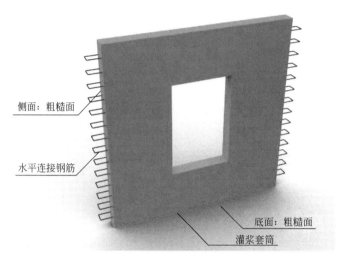

側面: 粗糙面

水平连接钢筋

底面: 粗糙面

灌浆套筒

图 4.6　装配式剪力墙接缝连接方式

　　由于结构对称且刚度分布均匀，且考虑到空间整体结构的计算量偏大，为了提高分析效率，本书选取原型结构其中一部分墙体，建立高层装配式耗能剪力墙有限元模型（简称 PSW-2），层高 3m，共 16 层，总高度 48m，墙体开洞尺寸与 4.1.2 节中单层剪力墙体相同，墙厚 0.2m。竖缝暂不采用原型结构连接方式，而是前文提出的软钢阻尼器（MSD）干式连接，阻尼器设置、墙体尺寸与单片墙相同，如图 4.7（a）所示。按照相应参数建立现浇剪力墙（简称 CSW-2）有限元模型，如图 4.7（b）所示。墙体与阻尼器均采用通用性较好的 S4R 壳单元建模，墙体中混凝土强度为 C30；采用 Rebar Layer 双层双向对墙体配筋，钢筋强度等级 HRB400。

4.2.2　混凝土和钢筋材料模型

　　混凝土单元采用混凝土损伤塑性（Concrete Damaged Plastic，CDP）模型进行分析。CDP 模型是一个基于塑性的连续介质损伤模型，使用各向同性拉伸和压缩塑性的模式来表征混凝土的非弹性行为，它假定拉伸开裂和压缩破碎为混凝土材料的主要破坏机制。屈服（或失效）面的演化由拉伸等效塑性应变和压缩等效塑性应变控制。CDP 模型中，单轴拉伸和压缩荷载循环过程，如图 4.8 所示。

(a) PSW–2　　　　(b) CSW–2

图 4.7　高层剪力墙有限元模型

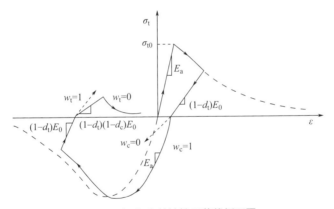

图 4.8　混凝土单轴拉压荷载循环图

CDP 模型中拉伸等效塑性应变表征拉伸强化,如图 4.9（a）所示,受拉应力—应变曲线可按公式（4.1）～式（4.4）确定。

$$\sigma = (1 - d_t) E_c \varepsilon \qquad (4.1)$$

$$d_t = \begin{cases} 1 - \rho_t (1.2 - 0.2x^5) & x \leqslant 1 \\ 1 - \dfrac{p_t}{\alpha_t (x-1)^{1.7} + x} & x > 1 \end{cases} \qquad (4.2)$$

4　主余震序列作用下高层装配式耗能剪力墙易损性分析

067

$$x = \frac{\varepsilon}{\varepsilon_{t, r}} \quad\quad (4.3)$$

$$\rho_t = \frac{f_{t, r}}{E_c \varepsilon_{t, r}} \quad\quad (4.4)$$

式中，α_t 为混凝土单轴受拉应力 - 应变曲线下降段的参数值；$f_{t, r}$ 为混凝土的单轴抗拉强度代表值，可根据实际结构分析需要取值；$\varepsilon_{t, r}$ 是与单轴抗拉强度代表值 $f_{t, r}$ 相应的混凝土峰值拉应变；d_t 为混凝土单轴受拉损伤演化参数。

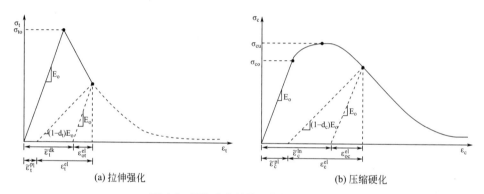

(a) 拉伸强化　　　　　　　　　　(b) 压缩硬化

图 4.9　混凝土的拉伸强化与压缩硬化

CDP 模型中压缩等效塑性应变表征压缩硬化，如图 4.9（b）所示，受压应力 - 应变曲线按公式（4.5）~ 式（4.9）确定。

$$\sigma = (1 - d_c) E_c \varepsilon \quad\quad (4.5)$$

$$d_c = \begin{cases} 1 - \dfrac{\rho_c n}{n - 1 + x^n} & x \leqslant 1 \\[3mm] 1 - \dfrac{\rho_c}{\alpha_c (x-1)^2 + x} & x > 1 \end{cases} \quad\quad (4.6)$$

$$\rho_c = \frac{f_{c, r}}{E_c \varepsilon_{c, r}} \quad\quad (4.7)$$

$$n = \frac{E_c \varepsilon_{c,r}}{E_c \varepsilon_{c,r} - f_{c,r}} \qquad (4.8)$$

$$x = \frac{\varepsilon}{\varepsilon_{c,r}} \qquad (4.9)$$

式中，α_c 为混凝土单轴受压应力 - 应变曲线下降段参数值；$f_{c,r}$ 为混凝土单轴抗压强度代表值，可根据实际结构分析的需要取值；$\varepsilon_{c,r}$ 是与单轴抗压强度代表值 $f_{c,r}$ 相应的混凝土峰值压应变；d_c 为混凝土单轴受压损伤演化参数。

钢筋骨架采用双折线强化（Bilinear kinematic hardening model，BKIN）模型，应力——应变曲线屈服后直接进入强化段，见图 4.10 所示。

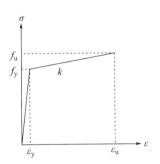

图 4.10　钢筋双折线强化模型

钢筋的 BKIN 模型应力——应变关系如公式（4.10）所示。

$$\sigma_p = \begin{cases} E_s \varepsilon_s & \varepsilon_s \leqslant \varepsilon_y \\ f_y + k\,(\varepsilon_s - \varepsilon_y) & \varepsilon_y < \varepsilon \leqslant \varepsilon_u \\ 0 & \varepsilon_s > \varepsilon_u \end{cases} \qquad (4.10)$$

式中，σ_p 为钢筋应力；E_s 为钢筋的弹性模量；ε_s 为钢筋应变；ε_y 为钢筋的屈服应变；f_y 为钢筋的屈服强度；k 为钢筋硬化段的斜率。

4.2.3　高层装配式耗能剪力墙模态分析

为了解 CSW-2 和 PSW-2 动力特性，使用有限元软件 ABAQUS 对其进行模态分析，图 4.11 和图 4.12 给出两种结构前三阶振型，可见两种结构的振型基本相同，周期对比结果见表 4.1。由于使用软钢阻尼器装配预制墙体，在一定程度上会削弱结构刚度，PSW-2 的基本周期略大于 CSW-2。

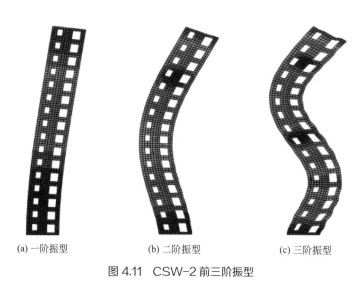

(a) 一阶振型   (b) 二阶振型   (c) 三阶振型

图 4.11　CSW-2 前三阶振型

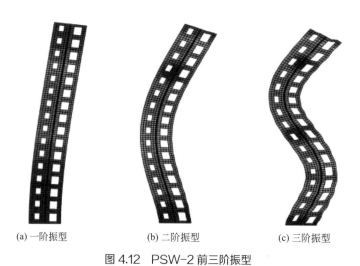

(a) 一阶振型   (b) 二阶振型   (c) 三阶振型

图 4.12　PSW-2 前三阶振型

结构周期对比　　　　　　　　　　　　　　表 4.1

结构类型	T_1	T_2	T_3
CSW–2	0.732s	0.137s	0.057s
PSW–2	0.738s	0.138s	0.058s

4.3　主余震序列作用下高层耗能墙体地震反应分析

　　不同地震序列对建筑结构产生不同的破坏作用，国内外学者针对单一主震作用下结构的动力响应、主余震序列型地震动构造以及余震对一些结构形式相对简单的结构所产生的附加损伤进行了研究，但主余震序列作用下高层剪力墙结构破坏机理与反应性态尚未得到系统研究。

　　下面以高层装配式耗能剪力墙为研究对象，基于 ABAQUS 有限元分析平台，研究地震序列作用下高层装配式耗能剪力墙的动力响应特性。选取 40 条真实地震动，基于前文构造出的前震—主震—余震型地震序列，进行动力弹塑性分析，并与单独主震作用情况对比。通过顶层位移、层间位移角最大值以及墙体损伤等指标探讨前震—主震—余震型地震序列对高层装配式耗能剪力墙地震反应的影响。

4.3.1　单独主震作用

　　从 PEER 强震数据库选取震级和震中距取值范围较广的 40 条真实地震动作为地震动输入，分别对 PSW-2 和 CSW-2 进行非线性地震反应分析。以顶层位移和层间位移角作为结构反应指标提取时程分析结果。各工况下 PSW-2 和 CSW-2 顶层位移和层间位移角最大值及减震率列于表 4.2 中。可以看出，PSW-2 在地震动作用下的结构响应整体上小于 CSW-2，随着地震动峰值加速度的增加，装配式耗能剪力墙减震效果有增大的趋势。据统计分析可知，高层装配式耗能剪力墙顶层位移最大值减幅范围为 0.92% ~ 29.14%，层间位移角最大值减幅范围为 2.05% ~ 44.53%，PSW-2 顶层位移和层间位移角最大值均小于

主余震序列作用下高性能结构地震易损性分析

CSW-2。图 4.13 给出 3 种典型工况（GOF-090，GO3-090 和 CAP-000）的地震动输入，图 4.14 给出对应工况下 PSW-2 和 CSW-2 的顶层位移、层间位移角和墙体损伤情况，并对装配式耗能剪力墙的耗能减震情况进行分析。

单独主震作用下顶层位移和层间位移角最大值对比 表 4.2

序号	工况	峰值加速度 PGA（g）	顶层位移（mm）			层间位移角（10^{-3}）		
			CSW-2	PSW-2	减震率（%）	CSW-2	PSW-2	减震率（%）
1	M–AGW–140	0.032	36.23	29.12	19.62	1.03	0.81	21.36
2	A–ELC–270	0.057	36.21	29.98	17.21	0.93	0.82	11.83
3	H06–360	0.060	26.12	21.71	16.88	0.77	0.61	20.78
4	A–CTS–090	0.062	28.15	24.58	12.68	0.97	0.74	23.71
5	A–HAR–090	0.070	72.10	54.31	24.67	1.97	1.47	25.38
6	LHI–090	0.077	76.02	57.28	24.65	2.02	1.91	5.45
7	LOA–092	0.086	86.04	65.19	24.23	2.27	1.77	22.03
8	H–CC4–045	0.115	49.11	47.72	2.83	1.33	1.27	4.51
9	BRA–315	0.160	46.02	32.61	29.14	1.47	1.07	27.21
10	M–GMR–000	0.184	37.04	29.18	21.22	1.12	0.87	22.32
11	M–G03–000	0.194	70.06	58.73	16.17	2.1	1.54	26.67
12	DWN–360	0.230	82.23	59.41	27.75	2.07	1.61	22.22
13	A–BIR–090	0.243	62.96	56.91	9.61	1.87	1.55	17.11
14	CO8–320	0.259	69.93	56.82	18.75	1.91	1.54	19.37
15	SLC–360	0.277	113.45	93.05	17.98	3.01	2.44	18.94
16	GOF–090	0.283	76.28	71.77	5.91	2.03	1.94	4.43
17	M–HVR–240	0.302	160.21	142.81	10.86	4.47	3.64	18.57
18	GMR–090	0.316	82.19	76.92	6.41	2.37	2.07	12.66
19	G02–090	0.320	137.72	127.76	7.23	3.87	3.17	18.09
20	CEN–245	0.321	126.57	98.39	22.26	3.33	2.60	21.92
21	H–AEP–045	0.334	123.52	103.79	15.97	4.01	3.21	19.95
22	CNP–106	0.360	131.28	118.92	9.41	3.87	3.40	12.14
23	GO3–090	0.364	145.45	126.86	12.78	4.53	3.50	22.74
24	H–E05–230	0.367	242.23	187.62	22.54	5.41	4.40	18.67

序号	工况	峰值加速度 PGA（g）	顶层位移（mm）			层间位移角（10^{-3}）		
			CSW-2	PSW-2	减震率（%）	CSW-2	PSW-2	减震率（%）
25	CAP-090	0.395	181.59	179.21	1.31	4.87	4.77	2.05
26	LOS-000	0.411	218.37	167.32	23.38	6.51	4.37	32.87
27	GO4-000	0.413	198.36	108.81	45.15	5.03	2.79	44.53
28	RO3-090	0.441	253.23	210.25	16.97	7.02	5.31	24.36
29	RRS-318	0.468	258.75	202.21	21.85	7.33	5.25	28.38
30	CAP-000	0.511	191.26	172.25	9.94	5.51	4.48	18.69
31	GO3-000	0.547	168.23	166.68	0.92	5.47	4.37	20.11
32	H-BCR-140	0.590	224.15	163.43	27.09	6.33	5.23	17.38
33	NWH-360	0.590	414.43	348.59	15.89	10.67	8.28	22.40
34	JEN-092	0.593	600.55	541.94	9.76	14.01	11.45	18.27
35	SYL--090	0.604	354.73	326.67	7.91	9.33	8.31	10.93
36	SPV-270	0.753	416.37	409.23	1.71	10.21	9.67	5.29
37	H-BCR-230	0.780	396.29	307.56	22.39	8.67	8.01	7.61
38	RRS-228	0.834	413.24	400.82	3.01	10.67	9.69	9.18
39	SYL-360	0.843	396.26	358.73	9.47	9.33	8.61	7.72
40	SPV-360	0.939	327.15	267.59	18.21	9.67	8.88	8.17

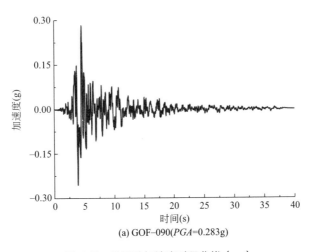

(a) GOF-090(PGA=0.283g)

图 4.13 地震动加速度时程曲线（一）

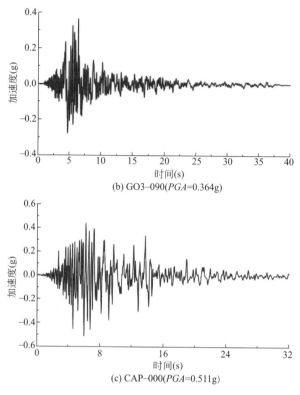

(b) GO3–090(*PGA*=0.364g)

(c) CAP–000(*PGA*=0.511g)

图 4.13　地震动加速度时程曲线（二）

　　由图 4.14 给出的 GOF-090、GO3-090 和 CAP-000 工况下顶层位移时程曲线和层间位移角对比图可知，PSW-2 在不同地震动作用下的顶层位移和层间位移角最大值均小于 CSW-2。与 CSW-2 相比，随着楼层的增高，PSW- 2 层间位移角减小趋势明显。GOF-090、GO3-090 和 CAP-000 工况下 PSW-2 顶层位移最大值分别为 71.77mm、126.86mm 和 172.25mm，与 CSW-2 相比三种工况下 PSW-2 顶层位移最大值均有不同程度的减小，减幅分别为 5.91%、12.78% 和 9.94%。PSW-2 在 GOF-090，GO3-090 和 CAP-000 作用下的层间位移角最大值分别为 $1.94×10^{-3}$、$3.50×10^{-3}$ 和 $4.48×10^{-3}$，与 CSW-2 相比，减幅分别为 4.43%、22.74% 和 18.69%。由此可见，软钢阻尼器作为装配式墙体连接件既能有效连接墙体，又可消耗地震能量，使结构体系具有良好的耗能减振能力。

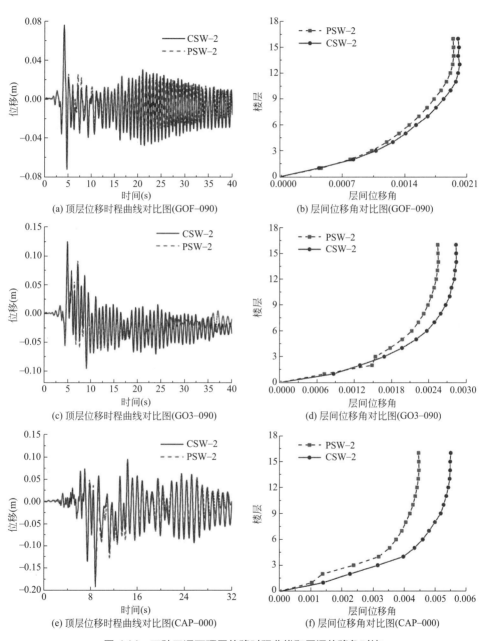

(a) 顶层位移时程曲线对比图(GOF-090)   (b) 层间位移角对比图(GOF-090)

(c) 顶层位移时程曲线对比图(GO3-090)   (d) 层间位移角对比图(GO3-090)

(e) 顶层位移时程曲线对比图(CAP-000)   (f) 层间位移角对比图(CAP-000)

图 4.14   三种工况下顶层位移时程曲线和层间位移角对比

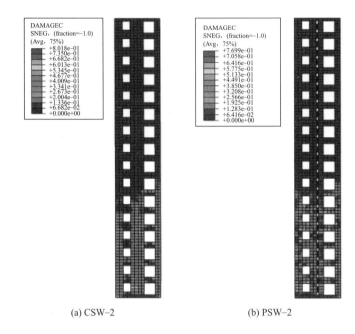

(a) CSW-2　　　　　　　　　(b) PSW-2

图 4.15　混凝土受压损伤对比图（GOF-090）

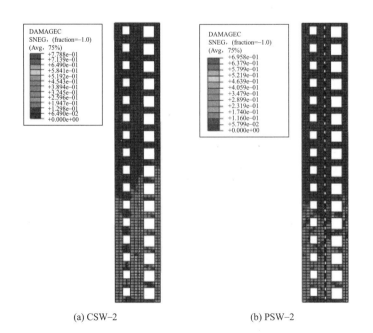

(a) CSW-2　　　　　　　　　(b) PSW-2

图 4.16　混凝土受压损伤对比图（GO3-090）

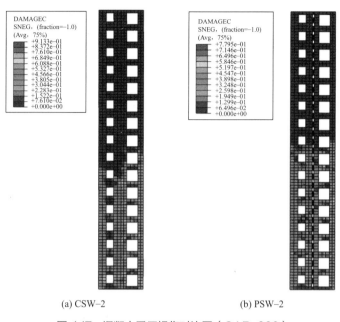

(a) CSW–2   (b) PSW–2

图 4.17　混凝土受压损伤对比图（CAP–000）

　　图 4.15 是 GOF-090 工况下 CSW-2 和 PSW-2 混凝土受压损伤对比图。由图 4.15 可知，CSW-2 和 PSW-2 混凝土受压损伤最大值分别为 0.802 和 0.770，受压损伤最大值减小了 4.00%。图 4.16 和图 4.17 分别给出了 GO3-090 和 CAP-000 工况下墙体混凝土受压损伤对比图，两种工况下 PSW-2 受压损伤最大值分别减小了 10.66% 和 13.38%。从墙体受压损伤云图中可以看出，PSW-2 的损伤程度也明显减轻。由此可见，将软钢阻尼器作为连接件在提供刚度的同时还可以有效减小墙体受压损伤。

　　图 4.18 ~ 图 4.20 是 GOF-090、GO3-090 和 CAP-000 工况下 CSW-2 和 PSW-2 混凝土受拉损伤对比图。由对比图可知，CSW-2 和 PSW-2 底部混凝土受拉损伤较为严重，与 PSW-2 相比，CSW-2 混凝土受拉损伤更为严重，说明软钢阻尼器对墙体受拉损伤也具有一定的控制作用。

4　主余震序列作用下高层装配式耗能剪力墙易损性分析

077

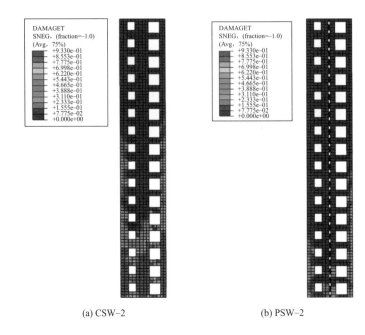

(a) CSW-2   (b) PSW-2

图 4.18　混凝土受拉损伤对比图（GOF-090）

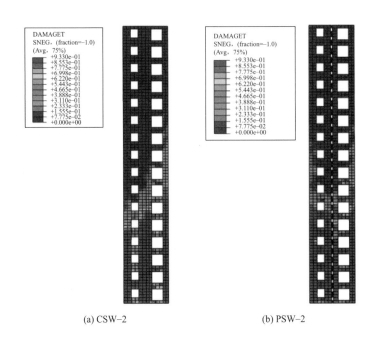

(a) CSW-2   (b) PSW-2

图 4.19　混凝土受拉损伤对比图（GO3-090）

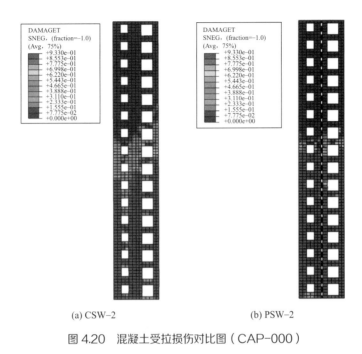

(a) CSW-2   (b) PSW-2

图 4.20 混凝土受拉损伤对比图（CAP-000）

4.3.2 主余震序列作用

1. 顶层位移

按照 3.4 节内容构造主余震序列过程中，对前震和余震进行调幅，调幅系数 δ 分别取为 0.4、0.6、0.8；且在模拟时前震与主震、主震与余震设为间隔 50s，以保证结构在进入下一次地震动作用时恢复到静止状态。将 40 条真实单独主震地震动和构造出的 120 条前震—主震—余震序列型地震动，共计 160 个工况，输入到 PSW-2 中进行非线性地震反应分析。表 4.3 给出了单独主震与地震序列作用下顶层位移最大值。由表 4.3 可知，当 $\delta=0.4$ 时，顶层位移最大值增幅范围为 1.18% ~ 77.64%；当 $\delta=0.6$ 时，顶层位移最大值增幅范围为 2.52% ~ 79.41%；当 $\delta=0.8$ 时，顶层位移最大值增幅范围为 5.83% ~ 84.35%。与单独主震相比，地震序列作用下 PSW-2 顶层位移最大值均有不同程度增大，且随着调幅系数 δ 增大，PSW-2 顶层位移最大值的增幅也呈增大趋势。

4 主余震序列作用下高层装配式耗能剪力墙易损性分析

单独主震和地震序列作用下 PSW-2 顶层位移最大值对比（mm） 表 4.3

序号	工况	PGA（g）	单独主震	地震序列					
				δ=0.4	增幅（%）	δ=0.6	增幅（%）	δ=0.8	增幅（%）
1	M-AGW-140	0.032	29.12	34.83	19.61	36.52	25.41	37.56	28.98
2	A-ELC-270	0.057	29.98	36.25	20.91	39.89	33.06	42.37	41.33
3	H06-360	0.060	21.71	26.33	21.28	33.28	53.29	33.29	53.34
4	A-CTS-090	0.062	24.58	39.98	62.65	40.01	62.77	39.98	62.65
5	A-HAR-090	0.070	54.31	79.32	46.05	82.28	51.50	88.11	62.24
6	LHI-090	0.077	57.28	71.8	25.35	73.83	28.89	76.52	33.59
7	LOA-092	0.086	65.19	65.96	1.18	66.83	2.52	70.68	8.42
8	H-CC4-045	0.115	47.72	82.70	73.30	80.46	68.61	83.19	74.33
9	BRA-315	0.160	32.61	33.76	3.53	33.82	3.71	34.51	5.83
10	M-GMR-000	0.184	29.18	35.13	20.39	36.01	23.41	36.82	26.18
11	M-G03-000	0.194	58.73	62.99	7.25	70.12	19.39	76.61	30.44
12	DWN-360	0.230	59.41	67.88	14.26	66.49	11.92	68.54	15.37
13	A-BIR-090	0.243	56.91	69.12	21.45	60.45	6.22	70.29	23.51
14	CO8-320	0.259	56.82	59.72	5.10	60.64	6.72	61.04	7.43
15	SLC-360	0.277	93.05	138.12	48.44	150.54	61.78	160.23	72.20
16	GOF-090	0.283	71.77	113.35	57.94	114.46	59.48	115.25	60.58
17	M-HVR-240	0.302	142.81	152.68	6.91	159.38	11.60	168.97	18.32
18	GMR-090	0.316	76.92	103.17	34.13	108.85	41.51	119.44	55.28
19	G02-090	0.320	127.76	150.96	18.16	189.36	48.22	202.29	58.34
20	CEN-245	0.321	98.39	134.21	36.41	137.26	39.51	178.36	81.28
21	H-AEP-045	0.334	103.79	118.39	14.07	120.33	15.94	150.01	44.53
22	CNP-106	0.360	118.92	187.2	57.42	187.62	57.77	216.94	82.43
23	GO3-090	0.364	126.86	139.27	9.78	147.40	16.19	145.27	14.51
24	H-E05-230	0.367	187.62	204.25	8.86	235.36	25.45	278.42	48.40
25	CAP-090	0.395	179.21	212.29	18.46	220.42	23.00	239.47	33.63
26	LOS-000	0.411	167.32	176.39	5.42	186.32	11.36	203.81	21.81
27	GO4-000	0.413	108.81	115.28	5.95	117.93	8.38	140.31	28.95
28	RO3-090	0.441	210.25	231.67	10.19	301.18	43.25	352.03	67.43
29	RRS-318	0.468	202.21	332.74	64.55	336.14	66.23	338.62	67.46
30	CAP-000	0.511	172.25	236.86	37.51	254.71	47.87	232.61	35.04

序号	工况	PGA（g）	单独主震	地震序列					
				δ=0.4	增幅（%）	δ=0.6	增幅（%）	δ=0.8	增幅（%）
31	GO3–000	0.547	166.68	185.21	11.12	198.23	18.93	206.65	23.98
32	H–BCR–140	0.590	163.43	287.17	75.71	291.23	78.20	289.23	76.97
33	NWH–360	0.590	348.59	357.65	2.60	425.75	22.13	497.56	42.74
34	JEN–092	0.593	541.94	562.84	3.86	698.1	28.81	765.01	41.16
35	SYL––090	0.604	326.67	580.29	77.64	582.12	78.20	588.55	80.17
36	SPV–270	0.753	409.23	602.94	47.34	653.47	59.68	705.61	72.42
37	H–BCR–230	0.780	307.56	328.78	6.90	383.65	24.74	456.32	48.37
38	RRS–228	0.834	400.82	700.28	74.71	719.13	79.41	710.23	77.19
39	SYL–360	0.843	358.73	458.4	27.78	491.48	37.01	575.05	60.30
40	SPV–360	0.939	267.59	354.68	32.55	426.39	59.34	493.31	84.35

以 BRA-315、CO8-320 和 GO4-000 工况为例，具体分析单独主震与前震—主震—余震序列型地震动作用对结构顶层位移的影响。图 4.21 给出 BRA-315、CO8-320 和 GO4-000 单独主震作用下的顶层位移时程曲线，其顶层位移最大值分别为 32.61mm，56.82mm 和 108.81mm。为了更直观地反映接连发生的多次地震作用对结构地震反应的影响，将单独主震与地震序列作用下 PSW-2 顶层位移时程曲线进行对比分析。

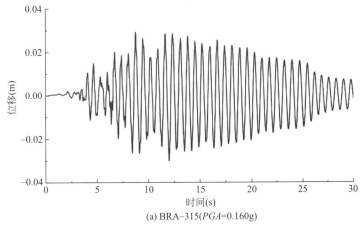

(a) BRA–315(*PGA*=0.160g)

图 4.21　单独主震作用下顶层位移时程曲线（一）

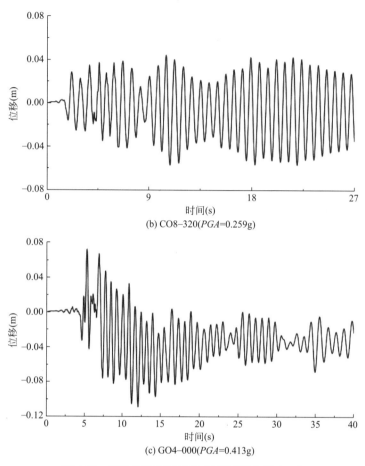

(b) CO8–320(*PGA*=0.259g)

(c) GO4–000(*PGA*=0.413g)

图 4.21　单独主震作用下顶层位移时程曲线（二）

图 4.22 给出了 PSW-2 在单独主震（BRA-315）与地震序列（δ=0.4，δ=0.6，δ=0.8）作用下顶层位移时程曲线对比图，由图可知，与单独主震相比，在多次地震作用下结构的顶层位移最大值呈增大趋势。当 δ=0.4 时，地震序列作用下 PSW-2 的顶层位移最大值为 33.76mm，与单独主震相比，增幅为 3.53%；当 δ=0.6 时，地震序列作用下结构的顶层位移最大值为 33.82mm，与单独主震相比，增幅为 3.71%；当 δ=0.8 时，地震序列作用下结构的顶层位移最大值为 34.51mm，与单独主震相比，增幅为 5.83%。与单独主震相比，前震—主震—余震型地震序列作用下 PSW-2 顶层位移最大值有不同程度增大。与单独主震相

比，当地震序列调幅系数 δ=0.4，δ=0.6，δ=0.8 时，PSW-2 顶层位移最大值增幅分别为 3.53%、3.71% 和 5.83%，可以看出 BRA-315 工况下，随着地震序列调幅系数 δ 增大，PSW-2 顶层位移最大值的增幅也随之增大。

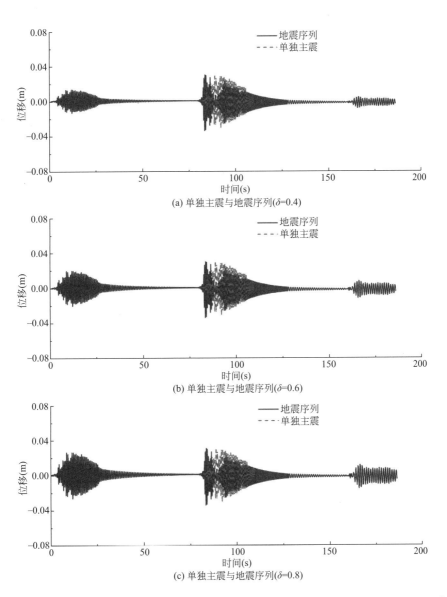

图 4.22　单独主震与地震序列作用下顶层位移时程曲线对比图（BRA-315PGA=0.160g）

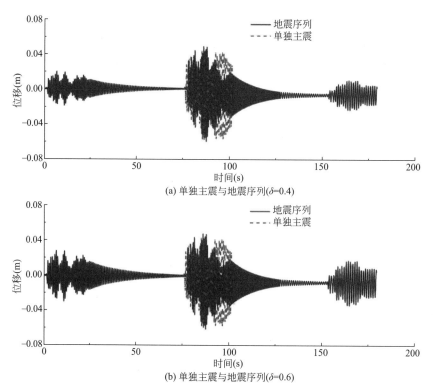

图 4.23 给出了 PSW-2 在单独主震（CO8-320）与地震序列（δ=0.4，δ=0.6，δ=0.8）作用下顶层位移时程曲线对比图。由图可知，与单独主震相比，在多次地震作用下结构的顶层位移最大值呈增大趋势。当 δ=0.4 时，地震序列作用下 PSW-2 的顶层位移最大值为 59.72mm，与单独主震相比，增幅为 5.10%；当 δ=0.6 时，地震序列作用下结构的顶层位移最大值为 60.64mm，与单独主震相比，增幅为 6.72%；当 δ=0.8 时，地震序列作用下结构的顶层位移最大值为 61.04mm，与单独主震相比，增幅为 7.43%。与单独主震相比，前震—主震—余震型地震序列作用下 PSW-2 顶层位移最大值有不同程度增大。与单独主震相比，当地震序列调幅系数 δ=0.4，δ=0.6，δ=0.8 时，PSW-2 顶层位移最大值增幅分别为 5.10%、6.72% 和 7.43%，CO8-320 工况下，随着地震序列调幅系数 δ 增大，PSW-2 顶层位移最大值的增幅也随之增大。

图 4.23 单独主震与地震序列作用下顶层位移时程曲线对比图（CO8-320 PGA=0.259g）（一）

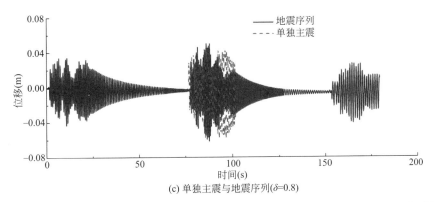

(c) 单独主震与地震序列(δ=0.8)

图 4.23　单独主震与地震序列作用下顶层位移时程曲线对比图（CO8-320*PGA*=0.259g）（二）

　　图 4.24 给出了 PSW-2 在单独主震（GO4-000）与地震序列（δ=0.4，δ=0.6，δ=0.8）作用下顶层位移时程曲线对比图。由图可知，与单独主震相比，在多次地震作用下结构的顶层位移最大值呈增大趋势。当 δ=0.4 时，地震序列作用下 PSW-2 的顶层位移最大值为 115.28mm，与单独主震相比，增幅为 5.95%；当 δ=0.6 时，地震序列作用下结构的顶层位移最大值为 117.93mm，与单独主震相比，增幅为 8.38%；当 δ=0.8 时，地震序列作用下结构的顶层位移最大值为 140.31mm，与单独主震相比，增幅为 28.95%。与单独主震相比，前震 - 主震 - 余震型地震序列作用下 PSW-2 顶层位移最大值有不同程度增大。与单独主震相比，当地震序列调幅系数 δ=0.4，δ=0.6，δ=0.8 时，PSW-2 顶层位移最大值增幅分别为 5.95%、8.38% 和 28.95%，GO4-000 工况下，随着地震序列调幅系数 δ 增大，PSW-2 顶层位移最大值的增幅也随之增大。

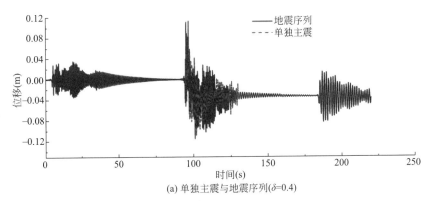

(a) 单独主震与地震序列(δ=0.4)

图 4.24　单独主震与地震序列作用下顶层位移时程曲线对比图（GO4-000 *PGA*=0.413g）（一）

右侧竖排文字：4　主余震序列作用下高层装配式耗能剪力墙易损性分析

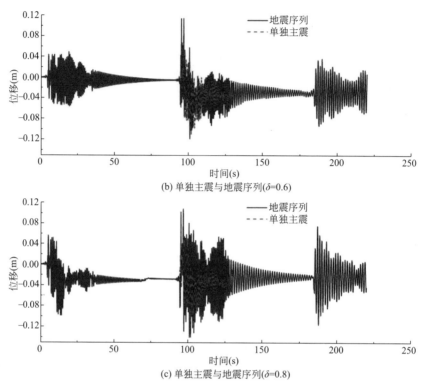

(b) 单独主震与地震序列(δ=0.6)

(c) 单独主震与地震序列(δ=0.8)

图 4.24　单独主震与地震序列作用下顶层位移时程曲线对比图（GO4-000 PGA=0.413g）（二）

2. 层间位移角

层间位移角（Inter-Story Drift Angle，ISDA）为结构地震反应指标之一，它直接反应结构各楼层层间位移的变化情况。表 4.4 列出 PSW-2 在单独主震与地震序列型（δ=0.4，δ=0.6，δ=0.8）作用下的层间位移角最大值。由表可知，当 δ=0.4 时，层间位移角最大值增幅范围为 1.69% ~ 69.29%；当 δ=0.6 时，层间位移角最大值增幅范围为 2.49% ~ 72.32%；当 δ=0.8 时，层间位移角最大值增幅范围为 8.38% ~ 81.83%。与单独主震相比，地震序列作用下 PSW-2 层间位移角最大值有不同程度的增大，且随着调幅系数 δ 增大，PSW-2 层间位移角最大值的增幅整体上呈增大趋势。H-BCR-140 工况下，PSW-2 的层间位移角最大值为 5.23×10^{-3}，满足规范[137]要求，不同地震序列（δ=0.4，δ=0.6，δ=0.8）作用下层间位移角最大值分别为 8.41×10^{-3}、8.94×10^{-3} 和 8.82×10^{-3}，均超出规范要求容许值。

单独主震和地震序列作用下 PSW-2 层间位移角最大值对比（10^{-3}rad）　　表 4.4

序号	工况	PGA（g）	单独主震	地震序列					
				δ=0.4	增幅（%）	δ=0.6	增幅（%）	δ=0.8	增幅（%）
1	M-AGW-140	0.032	0.81	0.84	3.70	0.93	14.81	1.03	27.16
2	A-ELC-270	0.057	0.82	0.86	4.88	1.04	26.83	1.17	42.68
3	H06-360	0.060	0.61	0.65	6.56	0.80	31.15	0.87	42.62
4	A-CTS-090	0.062	0.74	0.83	12.16	1.01	36.49	1.13	52.70
5	A-HAR-090	0.070	1.47	2.06	40.14	2.13	44.90	2.12	44.22
6	LHI-090	0.077	1.91	1.96	2.62	2.05	7.33	2.07	8.38
7	LOA-092	0.086	1.77	1.88	6.21	1.96	10.73	2.07	16.95
8	H-CC4-045	0.115	1.27	2.15	69.29	2.12	66.93	2.18	71.65
9	BRA-315	0.160	1.07	1.13	5.61	1.18	10.28	1.21	13.08
10	M-GMR-000	0.184	0.87	0.93	6.90	1.12	28.74	1.27	45.98
11	M-G03-000	0.194	1.54	1.84	19.48	1.89	22.73	2.00	29.87
12	DWN-360	0.230	1.61	1.78	10.56	1.76	9.32	1.80	11.80
13	A-BIR-090	0.243	1.55	1.90	22.58	1.66	7.10	1.95	25.81
14	CO8-320	0.259	1.54	1.62	5.19	1.68	9.09	1.71	11.04
15	SLC-360	0.277	2.44	2.93	20.08	3.41	39.75	4.13	69.26
16	GOF-090	0.283	1.94	2.98	53.61	3.01	55.15	3.10	59.79
17	M-HVR-240	0.302	3.64	3.79	4.12	4.12	13.19	4.30	18.13
18	GMR-090	0.316	2.07	2.60	25.60	2.82	36.23	3.11	50.24
19	G02-090	0.320	3.17	3.52	11.04	4.08	28.71	4.97	56.78
20	CEN-245	0.321	2.60	3.40	30.77	3.94	51.54	4.20	61.54
21	H-AEP-045	0.334	3.21	3.33	3.74	3.29	2.49	4.09	27.41
22	CNP-106	0.36	3.40	4.88	43.53	4.95	45.59	5.36	57.65
23	GO3-090	0.364	3.50	3.70	5.71	4.52	29.14	4.16	18.86
24	H-E05-230	0.367	4.40	4.73	7.50	5.46	24.09	6.70	52.27
25	CAP-090	0.395	4.77	5.78	21.17	5.88	23.27	5.97	25.16
26	LOS-000	0.411	4.37	4.93	12.81	5.07	16.02	5.33	21.97
27	GO4-000	0.413	2.79	2.89	3.58	3.01	7.89	3.72	33.33
28	RO3-090	0.441	5.31	5.79	9.04	7.61	43.31	9.27	74.58
29	RRS-318	0.468	5.25	8.30	58.10	8.56	63.05	8.65	64.76
30	CAP-000	0.511	4.48	5.79	29.24	5.97	33.26	6.42	43.30

续表

序号	工况	*PGA*（g）	单独主震	地震序列					
				δ=0.4	增幅（%）	δ=0.6	增幅（%）	δ=0.8	增幅（%）
31	GO3–000	0.547	4.37	4.75	8.70	4.99	14.19	5.40	23.57
32	H–BCR–140	0.590	5.23	8.41	60.80	8.94	70.94	8.82	68.64
33	NWH–360	0.590	8.28	8.42	1.69	9.68	16.91	11.97	44.57
34	JEN–092	0.593	11.45	12.13	5.94	16.34	42.71	17.54	53.19
35	SYL-–090	0.604	8.31	13.02	56.68	14.32	72.32	15.11	81.83
36	SPV–270	0.753	9.67	13.78	42.50	14.99	55.02	16.49	70.53
37	H–BCR–230	0.780	8.01	8.29	3.50	8.63	7.74	9.92	23.85
38	RRS–228	0.834	9.69	15.09	55.73	16.23	67.49	16.04	65.53
39	SYL–360	0.843	8.61	10.92	26.83	12.85	49.25	13.74	59.58
40	SPV–360	0.939	8.88	11.78	32.66	13.52	52.25	15.23	71.51

以 BRA-315、CO8-320 和 GO4-000 三种工况为例，具体分析单独主震与地震序列作用对结构层间位移角的影响。图 4.25（a）给出 PSW-2 在单独主震（BRA-315）和地震序列（δ=0.4，δ=0.6，δ=0.8）作用下的层间位移角包络曲线，由图可知，随着楼层的增高，地震序列对层间位移角的影响作用趋于明显。图 4.25（b）、（c）、（d）分别为单独主震与地震序列（δ=0.4，δ=0.6，δ=0.8）作用下 PSW-2 层间位移角对比图。由图可知，单独主震作用层间位移角曲线位于最内侧，单独主震作用下 PSW-2 层间位移角最大值为 $1.07×10^{-3}$，当 δ=0.4 时，地震序列作用下层间位移角最大值为 $1.13×10^{-3}$，与单独主震作用相比增幅为 5.61%；当 δ=0.6 时，地震序列作用下层间位移角最大值为 $1.18×10^{-3}$，与单独主震作用相比增幅为 10.28%；当 δ=0.8 时，地震序列作用下层间位移角最大值为 $1.21×10^{-3}$，与单独主震作用相比增幅为 13.08%。与单独主震相比，当地震序列调幅系数 δ=0.4，δ=0.6，δ=0.8 时，PSW-2 层间位移角最大值增幅分别为 5.61%、10.28% 和 13.08%，BRA-315 工况下，随着地震序列调幅系数 δ 增大，PSW-2 层间位移角最大值的增幅也随之增大。

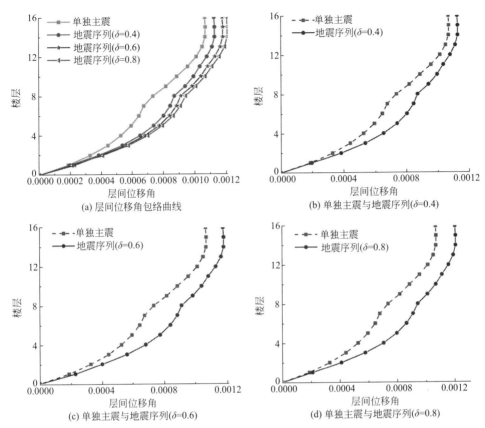

图 4.25　地震序列与单独主震作用下层间位移角对比图（BRA-315 *PGA*=0.160g）

　　图 4.26（a）给出 PSW-2 在单独主震（CO8-320）和地震序列（δ=0.4，δ=0.6，δ=0.8）作用下的层间位移角包络曲线，由图可知，随着楼层的增高，地震序列对层间位移角的影响作用趋于明显。图 4.26（b）、（c）、（d）分别为单独主震与地震序列（δ=0.4，δ=0.6，δ=0.8）作用下 PSW-2 层间位移角对比图。由图可知，随着地震序列调幅系数的增大，PSW-2 层间位移角增大幅度也随之增大。单独主震作用下层间位移角最大值为 1.54×10^{-3}，当 δ=0.4 时，地震序列作用下层间位移角最大值为 1.62×10^{-3}，与单独主震作用相比增幅为 5.19%。当 δ=0.6 时，地震序列作用下层间位移角最大值为 1.68×10^{-3}，与单独主震作用相比增幅为 9.09%。当 δ=0.8 时，地震序列作用下层间位移角最大值为 1.71×10^{-3}，

与单独主震作用相比增幅为11.04%。与单独主震相比，当地震序列调幅系数 δ=0.4，δ=0.6，δ=0.8 时，PSW-2 层间位移角最大值增幅分别为 5.19%，9.09% 和 11.04%，CO8-320 工况下，随着地震序列调幅系数 δ 增大，PSW-2 层间位移角最大值的增幅也随之增大。

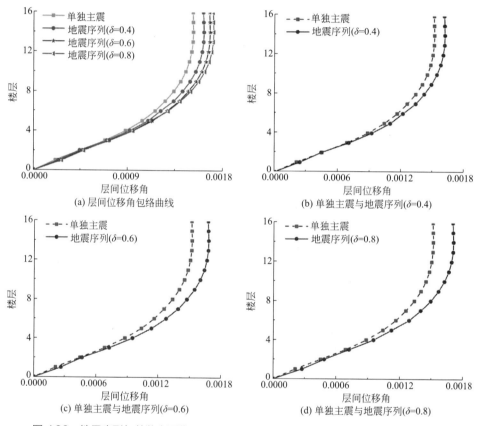

图 4.26　地震序列与单独主震作用下层间位移角对比图（CO8-320PGA=0.259g）

图 4.27（a）给出 PSW-2 在单独主震（GO4-000）和地震序列（δ=0.4，δ=0.6，δ=0.8）作用下的层间位移角包络曲线，由图可知，地震序列（δ=0.4）层间位移角曲线与单独主震比较相近。随着楼层的增高，地震序列（δ=0.8）层间位移角曲线增大趋势比较明显。图 4.27（b）、（c）、（d）分别为单独主震与地震序列（δ=0.4，δ=0.6，δ=0.8）作用下 PSW-2 层间位移角对比图。由图可知，

单独主震作用层间位移角曲线位于最内侧，单独主震作用下层间位移角最大值为 $2.79×10^{-3}$，当 $\delta=0.4$ 时，地震序列作用下层间位移角最大值为 $2.89×10^{-3}$，与单独主震作用相比增幅为 3.58%。当 $\delta=0.6$ 时，地震序列作用下层间位移角最大值为 $3.01×10^{-3}$，与单独主震作用相比增幅为 7.89%。当 $\delta=0.8$ 时，地震序列作用下层间位移角最大值为 $3.72×10^{-3}$，与单独主震作用相比增幅为 33.33%。与单独主震相比，当地震序列调幅系数 $\delta=0.4$，$\delta=0.6$，$\delta=0.8$ 时，PSW-2 层间位移角最大值增幅分别为 3.58%、7.89% 和 33.33%，GO4-000 工况下，随着地震序列调幅系数 δ 增大，PSW-2 层间位移角最大值的增幅也随之增大。

综上所述，地震序列作用下 PSW-2 层间位移角最大值均有不同程度的增大，且随着地震序列调幅系数的增大，层间位移角最大值增幅趋于明显。因此结构

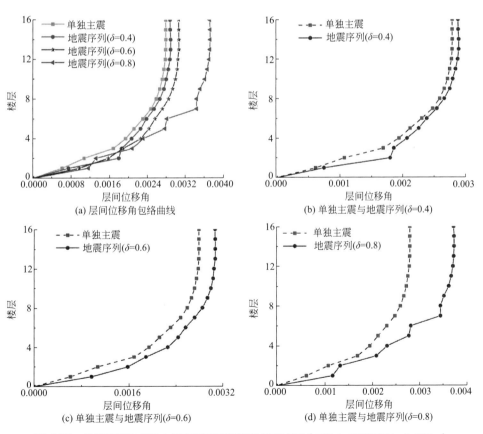

图 4.27　地震序列与单独主震作用下层间位移角对比图（GO4-000 *PGA*=0.413g）

抗震设计与评估中仅仅考虑单独主震作用偏于不安全。

3. 墙体损伤

对于高层装配式耗能剪力墙，墙体底部是破坏比较严重的部位，ABAQUS有限元分析软件可输出混凝土损伤因子，以CO8-320工况为例，图4.28和图4.29分别给出PSW-2在单独主震和地震序列（δ=0.4，δ=0.6，δ=0.8）作用下混凝土受压损伤和受拉损伤对比图。

由图4.28可知，与单独主震相比，地震序列作用下墙体混凝土受压损伤较为严重，且在数值上大于单独主震作用，前震—主震—余震型地震序列在一定程度上加剧混凝土受压损伤。单独主震作用下，混凝土受压损伤因子为0.765，地震序列（δ=0.4）作用下混凝土受压损伤因子为0.778，与单独主震相比，增加了1.70%；当δ=0.6时，混凝土受压损伤因子为0.804，与单独主震相比，增加了5.10%；当δ=0.8时，混凝土受压损伤因子为0.821，与单独主震相比，增加了7.32%。可以看出，地震序列作用下混凝土的受压损伤值有不同程度的增大。由图4.29可知，墙体底部混凝土受拉损伤较为严重，与单独主震相比，地震序列作用下墙体混凝土受拉损伤更严重。

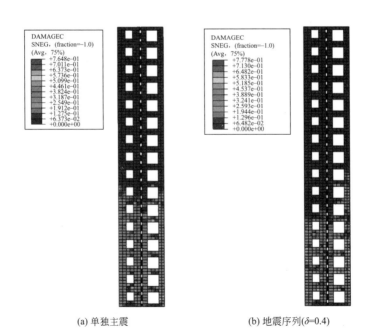

(a) 单独主震　　　　　　　　(b) 地震序列（δ=0.4）

图4.28　单独主震与地震序列作用下PSW-2墙体混凝土受压损伤对比图（CO8-320）（一）

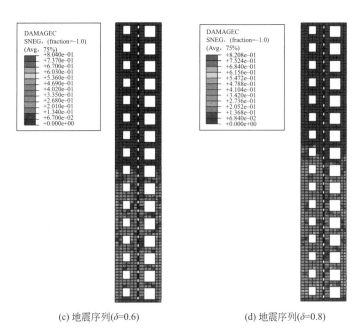

(c) 地震序列(δ=0.6)　　　　　　(d) 地震序列(δ=0.8)

图 4.28　单独主震与地震序列作用下 PSW-2 墙体混凝土受压损伤对比图（CO8-320）（二）

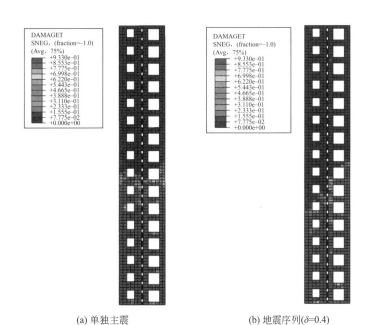

(a) 单独主震　　　　　　(b) 地震序列(δ=0.4)

图 4.29　单独主震与地震序列作用下 PSW-2 墙体混凝土受拉损伤对比图（CO8-320）（一）

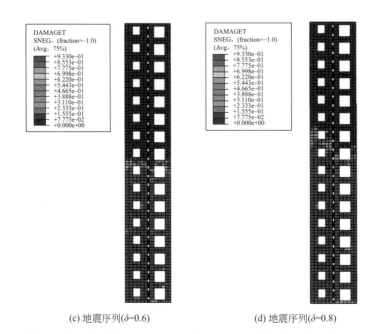

(c) 地震序列(δ=0.6)　　　　　　　(d) 地震序列(δ=0.8)

图 4.29　单独主震与地震序列作用下 PSW-2 墙体混凝土受拉损伤对比图（CO8-320）（二）

4.4　主余震序列作用下高层耗能墙体易损性分析

地震易损性是指工程结构在不同强度地震作用下发生不同破坏状态的可能性[138]（2015），即在不同强度地震作用下结构达到某一破坏状态的概率，用概率定量刻画工程结构的抗震性能，并描述结构破坏程度与地震动强度之间的关系。

基于概率地震需求分析的易损性分析方法由两部分组成[139]（2012）：

（1）概率性地震需求分析（Probabilistic Seismic Demand Analysis, PSDA），即分析结构地震需求与地震动之间的概率关系，PSDA 的核心是建立概率地震需求模型（Probabilistic Seismic Demand Model, PSDM）；

（2）概率性抗震能力分析（Probabilistic Seismic Capacity Analysis, PSCA），即分析结构能力在不同极限状态的分布情况，PSCA 的核心是定义极限状态。

4.4.1 概率地震需求分析

1.地震动参数和结构响应参数选取

在选取合理地震动记录后，如何选择有效的地震动强度参数（IM）来准确地模拟结构在地震动作用下的反应特性是接下来需要解决的问题。表征地震动强度参数有很多，如地震峰值加速度（PGA）、地震动峰值速度（PGV）、结构第一周期谱加速度（Sa）等。根据地震反应分析所要的结果，合理有效地选择地震动强度参数非常重要。褚延涵[140]采用统计学方法对单自由度和多自由度两种结构形式进行了地震动强度参数的挑选，从地震动强度参数选择的相关性、有效性、实用性、有益性、充分性和鲁棒性等6个方面开展研究。结果表明：选取谱加速度作为地震动强度参数，计算结果离散程度小，但高层建筑中使用谱加速度作为地震动强度参数会降低计算精度。在地震危险性评价方面依然推荐使用地震动峰值加速度和峰值速度作为强度参数。目前使用较多的地震动强度参数是传统的地震峰值加速度（PGA）。我国抗震规范也是以PGA作为地震动参数依据。因此，本书采用简单直观的PGA作为地震动强度参数，对PSW-2进行地震易损性分析。

在对结构进行地震易损性分析时，可以选用的工程需求参数（Engineering Demand Parameter，EDP）有很多，包括顶点位移、层间位移角最大值、基底剪力以及损伤指数等。结构的不同反应特性分析需要选择不同的EDP，对于抗震要求较高的工程结构，则需要两个甚至多个EDP从不同方面刻画结构的破坏状态与反应特性。目前在钢筋混凝土结构易损性研究中，多选用层间位移角（$ISDA$）作为损伤评估的重要指标，也是Hazus 99推荐的结构损伤评价指标参数，该指标可以同时表征结构构件的局部损伤和整体损伤，相比于结构的承载能力能够更好地反应结构的整体损伤性能。本章对高层装配式耗能剪力墙（PSW-2）进行易损性分析，选用层间位移角最大值（$ISDA_{max}$）作为结构反应参数，它是结构破坏状态的关键描述参数，可直接反应剪力墙结构各楼层间位移变化特性。

2. 基于云图法的概率地震需求模型

概率地震需求模型（Probabilistic Seismic Demand Model，PSDM）是基于时程分析的结果，表征工程需求参数（*EDP*）和地震动强度参数（*IM*）之间的关系。建立概率地震需求模型的核心即是在地震反应时程分析的基础上，建立起地震响应和地震动强度的关系模型。常用的方法有云图法（Cloud-method）和条带法（Strip-method），也可分为不需要调幅方法与需要调幅方法。

条带法是将选定好的地震动按照不同比例分别调幅至不同强度输入到结构模型中，可以得到结构在不同地震动强度作用下的反应特性，该方法需要大量的调幅计算，运算效率相对较低。

云图法指的是统计分析多条真实或合成地震动下结构的动力时程分析结果，经处理后，数据在坐标轴内呈现云状。云图法通常假定地震需求的中位值与地震动强度服从对数线性回归关系，且云图法通过对地震反应时程分析结果进行对数线性拟合获得的对数标准差为固定常数。云图法考虑到了地震动的不确定性，相比于需要调幅的条带法，云图法的运算次数少，很大程度上节省了计算时间，提高了计算效率。

云图法的具体步骤如下：

（1）地震动区域的划分。选择了矩震级（Moment Magnitude）和震中距（Distance）作为地震动的基本参数，矩震级可以表示地震动的强弱特性，震中距可以表示所选地震动是近场地震还是远场地震。可以通过确定两个基本地震动参数的极限 M_w=6.5，R=30km，将地震动区域划分为四个部分，每个部分都是一个基本地震动区域，基本地震动区域的划分应与结构场地危险性设计相符合。

（2）选取实际地震动记录。在每一个基本地震动区域内选择真实地震动记录，保证每个基本地震动区域数量分布均匀，将地震动的随机性与不确定性降到最低。

（3）建立高性能结构有限元模型。

（4）对结构输入地震动进行动力时程分析。根据所选地震动输入至结构，形成"地震动 + 结构"样本对，对每一个"地震动 + 结构"样本对进行地震反应分析，选取最大层间位移角为地震分析动力响应结果 EDP，记录所有 EDP 结果。

（5）建立概率需求模型，将地震分析动力响应结果 EDP 与对应地震峰值加速度 IM 绘制于一个坐标轴内，形成"地震峰值加速度 IM + 最大层间位移角 $ISD\%_{max}$"样本对，进行统计线性回归，得到概率地震需求分析相关参数。

Luco 等人[141]（2007）研究了云图法中的地震动个数，发现大于 20 条地震动记录，即可充足的满足 RTR 不确定性，使云图法分析结果极具统计意义，所以选取 80 条地震动记录，完全可以满足地震动不确定性。当向结构输入 80 组地震动，云图法需要对结构进行 80 组动力时程分析，而条带法需要对地震动进行 5 次调幅，对结构进行 400 组动力时程分析，是云图法工程量的 5 倍。因此本书选用不需要调幅的方法，即云图法，以 $ISDA_{max}$ 作为工程需求参数，PGA 作为地震动强度参数对结构进行概率需求分析。将 3.3 节中选择的 80 条单独主震和 240 条构造出的前震—主震—余震序列型地震动作为地震激励对 PSW-2 进行非线性动力时程分析，得到不同工况下地震动强度指标和工程需求参数（IM_i-EDP_i）对应关系。

Cornell 等[142]认为结构地震需求参数 EDP 和地震动强度指标 IM 之间符合对数线性关系式（4.11）。

$$EDP = aIM^b \qquad (4.11)$$

式中：a 与 b 均为系数，可通过云图法做线性回归分析得到。

两边取对数，得式（4.12）。

$$\ln EDP = \ln a + b\ln IM \qquad (4.12)$$

将 PSW-2 在单独主震和地震序列作用下的时程分析结果进行对数线性拟合，得到不同工况下的概率地震需求模型（PSDM），结构地震需求的对数标准差表示为式（4.13），对数标准差值越小，表示回归直线拟合度越好。

$$\sigma_{D|IM} = \sqrt{\frac{\sum\limits_{i=1}^{N}[\ln(D_i) - \ln(aIM_i^b)]^2}{N-2}} \qquad (4.13)$$

式中：N 为回归分析中样本点个数，本书中 N 为 80；

$\quad\quad D_i$ 是第 i 个地震需求峰值；

$\quad\quad IM_i$ 是第 i 个地震动峰值。

图 4.30（a）给出单独主震和地震序列作用下 PSW-2 时程分析结果样本，横坐标为 PGA 对数值（$\ln(PGA)$），纵坐标为层间位移角最大值的对数值（$\ln(ISDA_{max})$）。采用回归分析软件对时程结果样本进行线性回归分析，图 4.30（b）、（c）、（d）为单独主震与地震序列（$\delta=0.4$，$\delta=0.6$，$\delta=0.8$）线性回归分析图，

表 4.5 给出高层装配式耗能剪力墙在不同工况下概率地震需求模型参数。

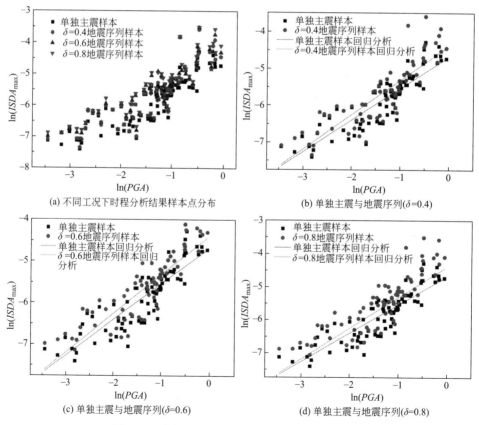

图 4.30 单独主震与地震序列样本回归分析对比图

工况	回归方程: ln（$ISDA_{max}$）=lna+b· ln（PGA）	决定系数 R^2	标准差
单独主震	ln（$ISDA_{max}$）= −4.667+0.86255ln（PGA）	0.769	0.13349
δ=0.4	ln（$ISDA_{max}$）= −4.376+0.93489ln（PGA）	0.741	0.18296
δ=0.6	ln（$ISDA_{max}$）= −4.280+0.94089ln（PGA）	0.730	0.19584
δ=0.8	ln（$ISDA_{max}$）= −4.164+0.96491ln（PGA）	0.735	0.20066

高层装配式耗能剪力墙概率地震需求分析参数　　　　　　　表 4.5

4.4.2　概率抗震能力分析

1. 破坏状态划分

卜一等[143]基于增量动力分析方法（Incremental Dynamic Analysis，IDA）给出不同性能水准下最大层间位移角的分布区间和结构的破坏情况，将其划分为基本完好、轻微破坏、中等破坏、严重破坏、倒塌共 5 种破坏状态（Damage State，DS）。表 4.6 给出各级破坏状态划分对应的名称和震害描述。

破坏状态划分　　　　　　　表 4.6

名称	震害描述
基本完好	底层少量剪力墙开裂，一般不需要修理即可继续使用
轻微破坏	底层更多的剪力墙开裂，墙体内部分的钢筋屈服，不需要修理或稍加修理，仍可继续使用
中等破坏	大部分剪力墙开裂，墙体内更多钢筋屈服，需要一般修理，采取安全措施后可适当使用
严重破坏	几乎所有剪力墙都发生不同程度的开裂，应拆除大修，局部拆除
倒塌	大量混凝土连梁发生破坏，靠近底部的部分剪力墙破坏，需拆除

2. 极限状态定义

地震易损性表征结构在不同强度的地震动作用下发生超过某一极限状态破坏的条件概率，因此极限状态的定义是结构抗震能力分析的重要内容。根据表 4.6 划分出的破坏状态（Damage State，DS），结构处于相邻破坏状态之间时称之为极限状态（Limit State，LS）。5 个破坏状态对应 4 个极限状态，即为：轻微破坏（LS-1）、中等破坏（LS-2）、严重破坏（LS-3）、倒塌破坏（LS-4），与层间位移角的对应关系如表 4.7 所示。

				表 4.7
极限状态	LS-1	LS-2	LS-3	LS-4
层间位移角	0.001	0.002	0.005	0.01

极限破坏状态

4.4.3　地震易损性分析

1. 地震易损性分析方法

地震易损性分析并非仅仅为了生成易损性曲线，而是利用地震易损性曲线来评定结构在地震作用下安全性。地震易损性分析是从概率的意义上定量刻画了结构的抗震性能，更加直观的绘制出了地震动强度与结构不同极限破坏状态之间的关系模型，地震易损性曲线的数学含义即是结构在地震作用下达到或超越某种极限破坏状态的概率分布函数。给定地震动强度水平时结构达到或超过某种极限状态的条件概率，根据本书定义的 4 个结构极限破坏状态，可将结构的失效概率写成式（4.14）。

$$P_f[LS_i|x] = P[D \geqslant C_i|IM = x] \tag{4.14}$$

式中：LS_i 为（i=1，2，3，4）为 4 个极限破坏状态；

　　　D 为地震需求；

　　　C 为结构抗震能力；

　　　$D \geqslant C$ 表示结构地震需求已经达到或者超越结构抗震能力；

　　　IM 为地震动强度参数，本书取地震动峰值加速度 PGA 来表示。

根据式（4.15）可以通过地震易损性概率分布函数得到极限状态失效概率式（4.15）。

$$Fragility = P(D \geqslant C|IM) \tag{4.15}$$

假设结构地震需求 D 与抗震能力 C 服从对数正态分布模型，通过 PSDA 和 PSCA 易损性函数可写成式（4.16）。

$$P(D \geqslant C|IM) = \Phi\left[\frac{\ln(\mu_D) - \ln(\mu_C)}{\sqrt{\sigma_{D|IM}^2 + \sigma_C^2}}\right] \tag{4.16}$$

式中：μ_D 为地震需求的中位值；

μ_C 为结构能力的中位值；

$\sigma_{D|IM}$ 为地震需求的标准差；

σ_C 为结构能力的标准差。

在式（4.12）中结构地震需求参数 EDP 取 μ_D，则 $\ln(\mu_D)$=ln$a$+$b$ln（IM），将其代入式（4.16）后，易损性函数可写成式（4.17）。

$$P(D \geqslant C|IM) = \Phi\left[\frac{\ln(IM) - (\ln(\mu_C) - \ln a)/b}{\sqrt{\sigma^2_{D|IM} + \sigma^2_C/b}}\right] \qquad (4.17)$$

式中：μ_C 为所定义的结构破坏极限状态的均值；

σ_C 为对应的标准差，取值为 0.399[144]。

2. 不同工况下地震易损性曲线

本节以高层装配式耗能剪力墙（PSW-2）为研究对象，对其进行概率地震需求分析（PSDA）和概率抗震能力分析（PSCA）。基于 M_w-R 条带法从 PEER 强震数据库均匀选取 80 条真实地震动，并按照第 3 章所述方法构造出前震—主震—余震序列型地震动，将单独主震和前震—主震—余震序列型地震动共计 320 条地震动作为地震激励对装配式耗能剪力墙（PSW-2）进行非线性动力时程分析。基于动力时程分析的结果，建立单独主震和地震序列（δ=0.4，δ=0.6，δ=0.8）不同工况下地震动强度（PGA）与结构地震需求参数（EDP）之间的概率地震需求模型，然后给定结构破坏状态的划分，最后根据易损性解析函数，对不同工况下的地震易损性曲线进行对比分析。

对结构进行易损性分析可以评定结构在地震作用下的安全性，为结构防震减灾工作提供依据。地震易损性包括两个方面的内容，首先是对地震动强度和结构破坏程度之间的关系研究；其次是结构破坏程度和地震经济损失之间关系的研究。地震动强度和结构破坏程度之间的关系一般通过易损性曲线或易损性矩阵表示，易损性曲线以地震动强度为参数，得到结构需求超出结构抗力的条件概率，它是易损性分析的结果。

4 主余震序列作用下高层装配式耗能剪力墙易损性分析

目前易损性曲线的绘制一般采用经验法和理论分析两种方法。经验分析方法需要依靠已有的地震灾害资料进行分析，理论分析法则通过数值模拟的方法来计算结构的地震反应，最后得到易损性曲线，本书选用理论分析法建立易损性曲线。以峰值加速度 PGA 为横坐标，以结构反应超出破坏等级的概率为纵坐标绘制易损性曲线。图 4.31 给出单独主震和地震序列（ δ=0.4， δ=0.6， δ=0.8）作用下高层装配式耗能剪力墙（PSW-2）的易损性曲线。

图 4.31（a）为单独主震和地震序列作用下 PSW-2 的易损性曲线汇总图，横坐标为地震动强度 PGA，纵坐标为结构达到某种破坏状态的超越概率。垂直于纵坐标作一条直线，与易损性曲线交点处的横坐标表示对应超越破坏概率下的地震动强度 PGA，这就可以实现给定结构某种破坏状态估计出对应地震动强度 PGA，从而可以根据当地大量的震害资料以及地质勘察资料对结构抗震设计进指导。同样，垂直于横坐标作一条直线，与易损性曲线交点的纵坐标表示层间位移角最大值超过某一极限值的概率，从而实现对地震中破坏的结构进行评估。由剪力墙地震易损性曲线可知，对于每一个极限状态，随着地震动强度 PGA 的增大，破坏超越概率亦随之增大，也就是说地震动强度 PGA 值越大，结构的层间位移角最大值超过极限值的概率越大。在同一地震动强度时，达到轻微破坏状态的超越概率，要大于中等破坏状态，大于严重破坏状态大于倒塌破坏状态。地震序列作用下结构的超越概率大于单独主震作用下的超越概率，这种趋势随着极限值和地震序列调幅系数 δ 的增大而增大。

为了更清晰的观察地震序列对结构破坏概率的影响，对单独主震和地震序列作用下的易损性曲线进行量化分析。分别将单独主震与地震序列（ δ=0.4， δ=0.6， δ=0.8）作用下 PSW-2 的易损性曲线进行对比分析，如图 4.31（b）、（c）、（d）所示。由易损性曲线图可知，地震序列作用下的易损性曲线，对应同一超越破坏概率下的地震动强度 PGA 值要小于单独主震作用时的 PGA 值。以超越破坏概率 50% 为例，图 4.31（b）为单独主震与地震序列（ δ=0.4）易损性曲线对比图，地震序列作用下的高层装配式耗能剪力墙超越 LS-1，LS-2，LS-3，LS-4 的对应 PGA 值与单独主震相比分别减少了 10.44%，15.83%，20.90%，27.14%。图 4.31

（c）为单独主震与地震序列（δ=0.6）易损性曲线对比图，地震序列作用下的装配式耗能剪力墙超越 LS-1，LS-2，LS-3，LS-4 的对应 *PGA* 值与单独主震相比分别减少了 17.75%，23.05%，28.06%，34.15%。图 4.31（d）为单独主震与地震序列（δ=0.8）易损性曲线对比图，地震序列作用下的装配式耗能剪力墙超越 LS-1，LS-2，LS-3，LS-4 的对应 *PGA* 值与单独主震相比分别减少了 21.81%，28.19%，34.06%，41.09%。分析结果表明，地震序列作用于结构时，结构达到某一超越破坏概率时地震动强度 *PGA* 值整体上呈减小趋势，且减小幅度 LS-4 > LS-3 > LS-2 > LS-1；与单独主震相比，较小的 *PGA* 值就会使结构达到某一超越破坏概率，也说明仅考虑单一主震进行抗震设计会偏于不安全。

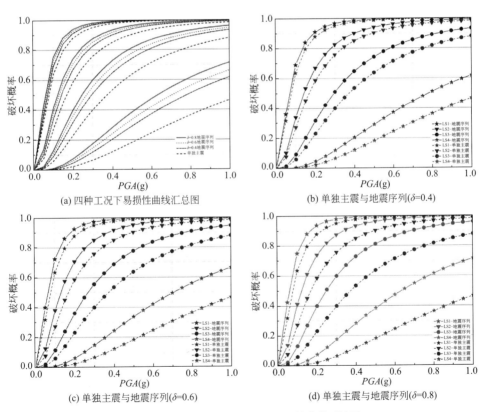

图 4.31 单独主震与地震序列易损性曲线对比图

103

4 主余震序列作用下高层装配式耗能剪力墙易损性分析

为了更直观地观察不同极限破坏状态下结构的超越破坏概率情况，分别给出各个极限破坏状态下单独主震和地震序列（$\delta=0.4$，$\delta=0.6$，$\delta=0.8$）作用下结构的易损性曲线图。

　　图 4.32（a）给出了单独主震与地震序列作用下 PSW-2 的 LS-1 易损性曲线图。LS-1 将破坏状态划分为基本完好和轻微破坏状态，以 $PGA=0.2g$ 为例，单独主震作用下结构发生轻微破坏的概率为 87.86%，地震序列（$\delta=0.4,0.6,0.8$）对应的超越概率为 91.08%，92.56%，93.79%，与单独主震相比，分别提高了 3.67%，5.35%，6.75%。可见地震序列作用在一定程度上增大了结构发生轻微破坏的概率。

　　图 4.32（b）给出了单独主震与地震序列作用下 PSW-2 的 LS-2 易损性曲线图，LS-2 将破坏状态划分为轻微破坏和中等破坏状态，以 $PGA=0.2g$ 为例，单独主震作用下结构的超越概率为 58.63%，地震序列（$\delta=0.4$，0.6，0.8）对应的超越概率为 66.90%，70.72%，73.97%，与单独主震相比，分别提高了 14.11%，20.62%，26.17%。以 $PGA=0.4g$ 为例，单独主震超越概率为 85.02%，地震序列（$\delta=0.4,0.6,0.8$）对应的超越概率为 90.09%，91.79%，93.40%，与单独主震相比，分别提高了 5.96%，7.96%，9.85%。以 $PGA=0.6g$ 为例，单独主震超越概率为 93.53%，地震序列（$\delta=0.4$，0.6，0.8）对应的超越概率为 96.28%，97.03%，97.79%，与单独主震相比，分别提高了 2.93%，3.74%，4.55%。说明地震序列作用在一定程度上增大了结构发生中等破坏的概率。

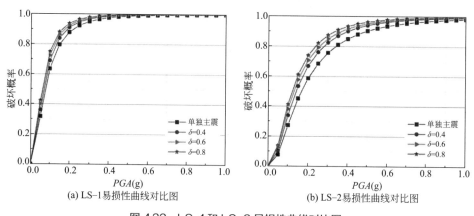

(a) LS-1易损性曲线对比图　　(b) LS-2易损性曲线对比图

图 4.32　LS-1 和 LS-2 易损性曲线对比图

图 4.33（a）给出单独主震与地震序列作用下 PSW-2 的 LS-3 易损性曲线图，LS-3 将破坏状态划分为中等破坏状态和严重破坏状态。以 $PGA=0.2g$ 为例，单独主震超越概率为 23.21%，地震序列（$\delta=0.4$，0.6，0.8）对应的超越概率为 31.87%，36.19%，40.03%，与单独主震相比，分别提高了 37.28%，55.88%，72.44%。以 $PGA=0.4g$ 为例，单独主震超越概率为 53.49%，地震序列（$\delta=0.4$，0.6，0.8）对应的超越概率为 64.73%，68.87%，72.94%，与单独主震相比，分别提高了 21.02%，28.76%，36.38%。以 $PGA=0.6g$ 为例，单独主震超越概率为 71.46%，地震序列（$\delta=0.4$，0.6，0.8）对应的超越概率为 80.92%，83.81%，86.79%，与单独主震相比，分别提高了 13.24%，17.29%，21.45%。地震序列作用在一定程度上增大了结构发生严重破坏的概率。

图 4.33（b）给出单独主震与地震序列作用下 PSW-2 的 LS-4 易损性曲线图，LS-4 将破坏状态划分为严重破坏状态和倒塌破坏状态。以 $PGA=0.2g$ 为例，单独主震超越概率为 4.24%，地震序列（$\delta=0.4,0.6,0.8$）对应的超越概率为 4.72%，6.16%，7.55%，与单独主震相比，分别提高了 11.40%，45.33%，78.20%。以 $PGA=0.4g$ 为例，单独主震超越概率为 15.18%，地震序列（$\delta=0.4$，0.6，0.8）对应的超越概率为 20.53%，24.32%，28.36%，与单独主震相比，分别提高了 35.25%，60.27%，86.89%。以 $PGA=0.6g$ 为例，单独主震超越概率为 27.62%，地震序列（$\delta=0.4$，0.6，0.8）对应的超越概率为 37.22%，42.02%，47.33%，与单独主震相比，分别提高了 34.76%，52.16%，71.39%。地震序列作用在一定程度上增大了结构发生倒塌破坏的概率。

综上所述，地震序列（$\delta=0.4$，0.6，0.8）作用下易损性曲线逐渐上移，即地震序列作用下结构超越各个极限状态的概率有不同程度的增大，且随着调幅系数 δ 增大，地震序列对结构破坏概率的影响趋于明显。由地震序列作用下结构各个极限状态破坏概率的增幅可知，地震序列作用对严重破坏和倒塌破坏状态的影响更为明显。

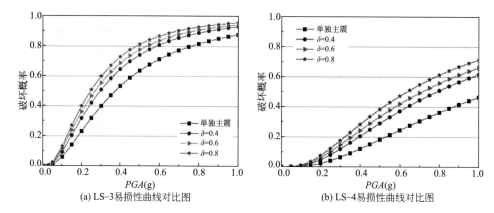

(a) LS-3易损性曲线对比图   (b) LS-4易损性曲线对比图

图 4.33   LS-3 和 LS-4 易损性曲线对比图

5

主余震序列作用下防屈曲支撑钢管混
凝土框架结构易损性分析

目前，我国土木工程领域的发展正面临关键转型期以及重要的机遇与挑战[145]（2017）。推广应用具备"可持续发展"和"高效、低碳绿色环保"理念的高性能结构是未来我国土木工程领域发展的必然趋势[146]（2016）。设置普通耗能支撑的钢管混凝土框架结构具有轻质高强、抗侧刚度大等优点，在高层和超高层建筑中应用较为广泛。通过合理设计优化后设置防屈曲耗能支撑的钢管混凝土结构体系在地震发生时可有效避免支撑受压屈曲，能更充分的利用防屈曲支撑的屈服耗能特性耗散地震能量，降低主体结构损伤，使结构体系具有良好的耗能能力和延性，提高结构整体安全性。近年来国内外学者对设置防屈曲耗能支撑的结构抗震性能进行了大量试验研究和理论分析，证明了该结构体系具有良好的抗震能力。本章首先简述防屈曲支撑钢管混凝土框架结构的抗震性能与耗能原理；然后基于 ABAQUS 有限元软件平台，建立防屈曲支撑钢管混凝土框架结构有限元模型进行地震序列作用下的结构反应分析；最后进行不同工况下的易损性分析。

5.1 防屈曲支撑钢管混凝土框架结构体系

5.1.1 防屈曲支撑的构造体系

防屈曲支撑是一种新型耗能减震机构，其构造体系可以由横向构成与纵向构成两方面分析。

防屈曲支撑的横向构成主要分成三个部分：核心芯材部分、外围约束部分和滑动机制部分。

（1）防屈曲支撑的核心芯材部分是防屈曲支撑的主要受力部件，一般由低屈服点钢材制成。根据工程结构中的耗能与刚度要求可使用不同的截面形式，常见的截面形式有一字形、十字形、工字形等，见图 5.1。

（2）防屈曲支撑的外围约束部分主要承担约束的作用，避免核心芯材发生屈曲变形。最常见的外围约束是内部填充混凝土的矩形或圆形钢管。

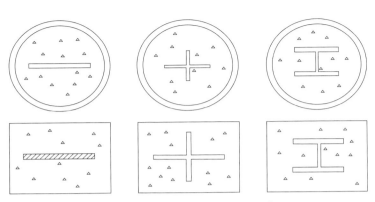

图 5.1　防屈曲支撑常见的截面形式

（3）滑动单元部分是在防屈曲支撑的核心芯材部分与外围约束部分之间提供滑动作用的界面，使防屈曲支撑无论是受拉情况还是受压情况下都有几乎相同的力学性质，它的存在可以有效防止核心芯材部分与外围约束部分在受力摩擦后轴向力突增的现象。

从防屈曲支撑的纵向构成来看，防屈曲支撑又可以分为约束屈服段、约束非屈服段、无约束非屈服段、无黏结材料、屈曲约束部分共 5 个部分组成，如图 5.2 所示。这种划分方式主要体现防屈曲支撑在受力过程中沿着纵向不同的屈服程度。

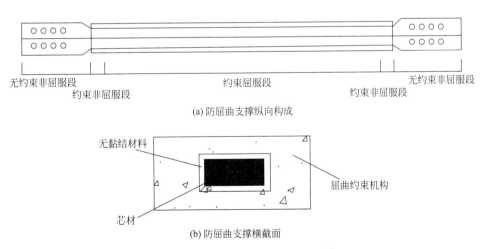

图 5.2　防屈曲耗能支撑纵向构成及其截面

（1）防屈曲支撑约束屈服段。它是整体支撑的核心，这部分是防屈曲耗能原理的实际工作段，在建筑物遭受地震作用时，该部分先于主体屈服进入塑性状态。由于要求防屈曲支撑要在反复荷载下依靠约束屈服段来承载拉压应力的同时还要吸收能量，一般工程中选用延性较好的中等屈服强度钢作为防屈曲支撑约束屈服段。

（2）约束非屈服段。指的是约束屈服段与无约束非屈服段的中间部分，是两部分的衔接与延伸，对其屈服能力没有过高要求，但保证该部分有良好的抗拉与抗压能力，在受力时能够持久的在弹性阶段工作，一般会用增加截面面积或者焊接加劲肋的方法，但是截面需要平滑并且有过渡，以防止构件连接处出现应力集中。

（3）无约束非屈服段。它是延伸出外包套管约束的部分，工程操作中是直接连接框架结构的梁柱节点。设计安装时需要重点注意：减小安装公差方便安装拆卸，同时也要防止局部屈曲。另外防屈曲支撑与梁柱节点的连接可采用固接和铰接的连接方式，为了方便现场施工操作优先考虑使用螺栓连接，这也是实际工程中广泛应用的连接方式。

（4）无粘结材料。一般使用橡胶或者聚乙烯这类化学材料，这类化学材料可以有效减少芯材与约束段摩擦产生的剪力。而且芯材在受力屈曲膨胀时需要一定的空间防止芯材与屈曲约束机构之间的摩擦产生轴向力，因而在放置填充材料时要与芯材间留有一定的空间。

（5）屈曲约束机构。主要由内部填充砂浆的外套钢管组成，内部填充的砂浆需要适当的捣置和合理的配比，保证屈曲约束机构有良好的抗压强度可以有效控制屈服段的位移，并且不会承受轴力。文献[147]考虑防屈曲支撑不发生屈曲的条件下，对外套钢管进行设计应满足如式（5.1）和式（5.2）所示条件。

$$\frac{P_{e}}{P_{y}} \geqslant 1.0 \qquad\qquad (5.1)$$

$$P_{e} = \frac{\pi^{2}EI_{x}}{L_{x}^{2}} \qquad\qquad (5.2)$$

其中：P_e 为外套钢管的屈服强度；

P_y 为约束屈服段的屈服强度；

E 为弹性模量；

L_x 为支撑长度；

I_x 为外套钢管的抗弯模量。

5.1.2 防屈曲支撑耗能减震工作原理

防屈曲支撑体系是一种比较新颖的减震支撑体系。虽然形式上多种多样，但是耗能减震的工作原理基本相同。防屈曲支撑在地震作用下，支撑内核芯材承受全部轴向力，工作中内核芯材和外套钢管之间不粘接，或者在内核芯材和外包钢筋混凝土或钢管混凝土之间涂无粘结材料形成滑移界面，减少两个界面的摩擦。而且仅内核芯材与框架结构连接，以保证轴向力都只由内核芯材承受，防止轴力传到外套钢管，增强了外套钢管的约束能力以及对于内部芯材的侧向支撑能力。滑移界面设计和施工要保证内核芯材和外套钢管之间相对滑动，同时约束内核芯材的横向变形，防止内核芯材在轴力作用下发生屈曲。

因此，防屈曲支撑在服役期间无论是受到轴向拉力还是压力都只会发生屈服而不发生屈曲。相比传统的耗能支撑结构而言，经过精心合理设计的防屈曲支撑具有高强度和良好的滞回耗能能力，并且兼具传统屈曲耗能支撑共心斜撑的优点。

防屈曲支撑与传统屈曲支撑的轴力位移曲线对比如图 5.3 所示，内核钢支撑在轴向拉压力作用达到充分屈服，有良好的延性，滞回曲线稳定饱满，其滞回性能明显优于普通钢支撑。

防屈曲支撑体系耗能减震的实质是在结构中设置防屈曲支撑，在地震发生时可以通过内核芯材的屈曲滞回最大限度地耗散掉输入到建筑物中的能量，以减少整体体系的变形，从而保护主体结构不受地震破坏。从能量的角度说明防屈曲支撑耗能减震的工作原理，耗能减震结构的能量方程如式（5.3）和式（5.4）。

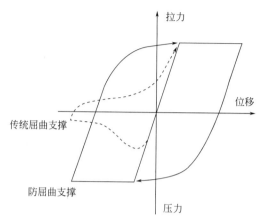

图 5.3　轴力位移曲线对比

传统抗震结构能量方程：

$$E_{in} = E_v + E_c + E_k + E_h \qquad (5.3)$$

耗能减震结构能量方程：

$$E'_{in} = E'_v + E'_c + E'_k + E'_h + E_d \qquad (5.4)$$

其中：E_{in} 为地震输入传统抗震结构的能量；

　　　E'_{in} 为地震输入耗能减震结构的能量；

　　　E_v 为传统抗震结构的动能；

　　　E'_v 为耗能减震结构的动能；

　　　E_c 为传统抗震结构的粘滞阻尼耗能；

　　　E'_c 为耗能减震结构的粘滞阻尼耗能；

　　　E_k 为传统抗震结构的弹性应变能；

　　　E'_k 为耗能减震结构的弹性应变能；

　　　E_h 为传统抗震结构的滞回耗能；

　　　E'_h 为耗能减震结构的滞回耗能；

　　　E_d 为防屈曲支撑吸收的能量。

无论是传统抗震结构还是耗能减震结构，其动能与弹性应变能只是能量的转化并不能耗散能量；其粘滞阻尼耗能大约占总体能量的 1/20。所以，在传统抗震结构中，耗散地震能量主要是通过结构自身滞回耗能，但是结构自身耗能越多，也越容易造成结构的破坏。

在带有防屈曲支撑的耗能减震结构中，由于引入了防屈曲支撑吸收的能量 E_d，即在主体结构进入弹塑性状态之前防屈曲支撑会提前耗散掉地震能量，使结构主体进行少量自身滞回耗能，有效的保护主体结构在强震作用下不受到大的损伤。在一般情况下，结构的损伤与结构的变形最大值和滞回耗能呈现线性正比的趋势，如式（5.5）所示。

$$D_h = f\ (X_h,\ E_h) \tag{5.5}$$

由于带有防屈曲支撑的耗能减震结构的变形最大值 X_h 与滞回耗能 E_h 远远小于传统抗震结构，因此从能量的角度研究防屈曲支撑耗能减震的工作原理发现屈曲约束支撑能够起到很好的保护主体的作用。

5.1.3 钢管混凝土框架结构

钢管混凝土构件即使钢管内填充混凝土的组合构件，兼具混凝土与钢管两者的优点，两种材料共同工作、相互作用，形成钢管混凝土构件特殊的性能。由于钢管对核心混凝土起到了横向约束的作用，使混凝土呈现三向受压的受力状态，受力稳定，有效改善了混凝土易发生脆性破坏的特点，使核心混凝土承载力增大；而混凝土对钢管的侧向支撑有效防止钢管发生局部屈曲，使外钢管的承载力增大，钢管混凝土构件的承载力会明显大于核心混凝土独自工作的受压承载力加上外套钢管独自工作的受压承载力之和，体现 1+1 > 2 的优良性能。两者共同相辅相成的作用还可以有效提高钢管混凝土构件的抗压、抗剪能力，使其在地震作用下可以体现良好的延性与抗震性能。与普通的钢筋混凝土构件相比，由于钢管混凝土构件承载力提高，钢管内壁尺寸不必很厚，构件截面尺寸相比略小，节约构件所占空间，构件自重降为原来的一半；与纯钢构件相比，钢管混凝土构件大大节省钢材用量。灌注混凝土时，钢管可以代替模板施工，施工成本降低，具有良好的经济效益。

由于钢管混凝土构件具有以上种种优点，而框架结构有空间布置灵活的特性，国内外多层高层建筑结构中，常采用钢管混凝土柱—钢梁组合框架结构作为抗侧力结构体系。但是，在地震作用下，由于框架结构侧向刚度小，结构容易产生较大水平位移甚至对结构造成损坏。为了提高框架的抗侧刚度，许多工程在框架结构中加入防屈曲支撑，形成防屈曲支撑钢管混凝土框架结构。

5.2 防屈曲支撑钢管混凝土框架结构有限元模型

建立防屈曲支撑钢管混凝土框架结构有限元模型，并基于 FORTRAN 语言开发了适用于三维梁单元的方钢管和混凝土的纤维梁单元材料子程序用于模型的分析。

5.2.1 防屈曲支撑钢管混凝土框架结构有限元模型建立

本书选取 12 层防屈曲钢管混凝土框架结构为研究对象，结构底层层高 4.2m，其他层高 3.6m，总高 43.8m，结构平面及立面图，见图 5.4。抗震设防烈度 7 度，设计基本地震加速度 0.15g，楼面与屋面恒载均取 4.5kN/m²，活载均取 2.0kN/m²，并折算成密度施加于楼板上。楼面及屋面均采用 140mm 厚混凝土板，混凝土强度等级 C30，横向与纵向钢梁采用 Q235 工字钢，截面尺寸为 700mm × 300mm × 13mm × 24mm。方钢管混凝土柱截面尺寸 500mm × 500mm，钢管采用 Q345 钢，内部填充混凝土强度等级 C30。1 ~ 5 层柱钢管壁厚 20mm，6 ~ 12 层钢管壁厚 15mm。取 3 轴一榀框架进行分析，在结构两侧边跨布置了防屈曲耗能支撑，见图 5.4（b）。

采用 ABAQUS 有限元软件建立结构有限元模型，如图 5.5 所示。钢梁、钢管及内填充混凝土均采用 B31 梁单元建模，柱采用 *Elcopy 命令定义截面属性，梁柱单元之间采用刚性节点连接。防屈曲支撑采用桁架单元 T3D2 模拟，防屈曲支撑的相关参数参照文献 [148]（2012）中的相关参数设置。

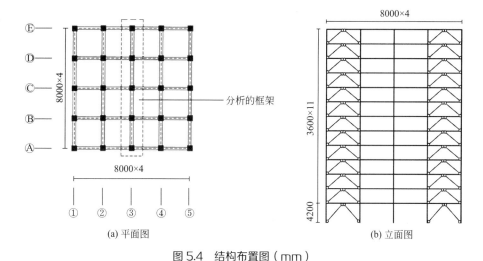

(a) 平面图　　　　　　　　　　(b) 立面图

图 5.4　结构布置图（mm）

图 5.5　防屈曲钢管混凝土框架结构有限元模型

5.2.2　钢管混凝土纤维梁单元材料子程序

ABAQUS 凭借其强大的非线性处理能力，在工程研究界得到了广泛普及。虽然 ABAQUS 自身材料库所提供的材料本构模型十分丰富，但对于某些复杂工程，其自身的材料本构模型可能不适用。为此，软件提供了相应的用户材料子程序接口，允许用户根据实际需要进行材料本构模型的二次开发。在本书的研究内容中，由于 ABAQUS 自带的混凝土塑性损伤模型无法用于三维梁单元中，且无法准确模拟方钢管对混凝土的约束效应，其自带的金属本构模型不能考虑钢材的刚度退化等。因此，基于 ABAQUS 软件平台采用 FORTRAN 语言开发了用于三维梁单元的方钢管混凝土纤维梁单元材料子程序。

1. 方钢管对混凝土的约束效应

本书采用文献［149］（2007）中提出的方钢管约束混凝土本构模型，有效考虑方钢管对混凝土的约束效应，其应力 - 应变骨架曲线可表示如式（5.6）~ 式（5.14），与非约束混凝土本构模型对比见图5.6。

$$y=\begin{cases} 2x-x^2 & x \leqslant 1 \\ \dfrac{x}{\beta(x-1)^n+x} & x > 1 \end{cases} \tag{5.6}$$

$$x = \frac{\varepsilon}{\varepsilon_0} \tag{5.7}$$

$$y = \frac{\sigma}{\sigma_0} \tag{5.8}$$

$$\xi = \alpha \frac{f_y}{f_{ck}} \tag{5.9}$$

$$\sigma_0 = [1 + (-0.0135\xi^2 + 0.1\xi) \times (\frac{24}{f_c'})^{0.45}] \times f_c' \tag{5.10}$$

$$\varepsilon_0 = \varepsilon + [1330 + 760 \cdot (\frac{f_c'}{24} - 1)] \times \xi^{0.2} \times 10^{-6} \tag{5.11}$$

$$\varepsilon_{cc} = [1300 + 12.5 f_c'] \times 10^{-6} \tag{5.12}$$

$$\eta = 1.6 + 1.5/x \tag{5.13}$$

$$\beta = \begin{cases} \dfrac{f_c'}{1.35\sqrt{1+\xi}} & \xi \leqslant 3.0 \\ \dfrac{f_c'}{1.35\sqrt{1+\xi \times (\xi-2)^2}} & \xi > 3.0 \end{cases} \tag{5.14}$$

其中：σ_0 是受压峰值点应力值；

ε_0 是受压峰值点应力对应的应变值；

f'_c 是混凝土圆柱体抗压强度；

ξ 是混凝约束效应系数；

c 为钢管混凝土截面含钢率。

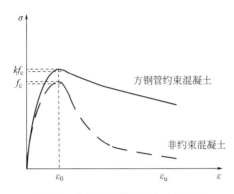

图 5.6　方钢管约束混凝土本构模型

2. 方钢管约束混凝土加卸载规则

重复荷载作用下受压混凝土卸载及再加载应力路径近似按《混凝土结构设计规范》[150]（2014）中建议的采用，如式（5-15）~式（5-18）和图 5.7 所示。

$$\sigma = E_r \left(\varepsilon - \varepsilon_z \right) \tag{5.15}$$

$$E_r = \frac{\sigma_{un}}{\varepsilon_{un} - \varepsilon_z} \tag{5.16}$$

$$\varepsilon_z = \varepsilon_{un} - \left(\frac{(\varepsilon_{un} + \varepsilon_{ca}) \sigma_{un}}{\sigma_{un} + E_c \varepsilon_{ca}} \right) \tag{5.17}$$

$$\varepsilon_{ca} = \max - \left(\frac{\varepsilon_c}{\varepsilon_c + \varepsilon_{un}}, \ \frac{0.09 \varepsilon_{un}}{\varepsilon_c} \right) \sqrt{\varepsilon_c \varepsilon_{un}} \tag{5.18}$$

其中：σ 为受压混凝土的压应力；

ε 为受压混凝土的压应变；

ε_z 为受压混凝土卸载至零应力点时的残余应变；

E_r 为受压混凝土卸载及再加载的变形模量；

σ_{un} 为受压混凝土从骨架曲线开始卸载时的应力；

ε_{un} 为受压混凝土从骨架曲线开始卸载时的应变；

ε_{ca} 为附加应变；

ε_c 为混凝土受压峰值应力对应的应变。

重复荷载作用下受拉混凝土卸载及再加载应力路径分两种情况考虑：

（1）受拉前未经历压缩，从骨架曲线上卸载直接指向原点，再加载按照卸载路径返回；

（2）受拉前已经历压缩，卸载直接指向受压残余应变点，再加载则路径从受压残余应变点开始加载直接进入受拉区。

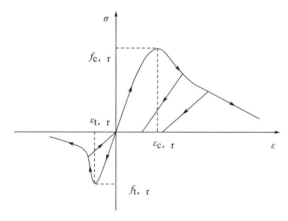

图 5.7　混凝土加卸载规则

3. 钢材的骨架曲线

单调荷载下钢筋应力—应变骨架曲线选用《混凝土结构设计规范》中建议的双折线强化型骨架曲线，如图 5.8 所示。

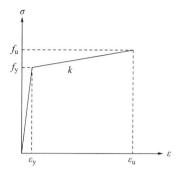

图 5.8　钢材的骨架曲线

4. 钢材的加卸载规则

如图 5.9 所示，本书钢材的加卸载规则采用 Clough[151]（1966）的最大指向点模型，可有效考虑加卸载过程中的刚度退化，并针对数值稳定性问题和模型本身存在的缺陷进行了适当简化与修正，分四种情况考虑不同加载状态下的加卸载路径。

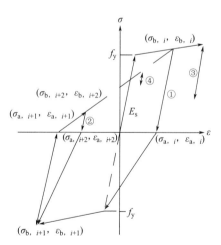

图 5.9　钢材加卸载规则（Clough 模型）

5.2.3　防屈曲支撑钢管混凝土框架结构模态分析

首先将 5.2.1 节所建立的带有防屈曲支撑的有限元模型中防屈曲支撑删除，

建立无减震耗能装置的有限元模型即为无控结构，设置防屈曲支撑模型为有控结构，将有控结构与无控结构的有限元模型进行模态分析，对比两者的刚度分布、周期与振型。有控结构与无控结构的周期如表 5.1 所示，模态分析结果如图 5.10 所示。

防屈曲钢管混凝土框架结构周期 T   表 5.1

振型	无控结构	有控结构
一阶振型	0.617	0.215
二阶振型	0.202	0.066
三阶振型	0.114	0.041

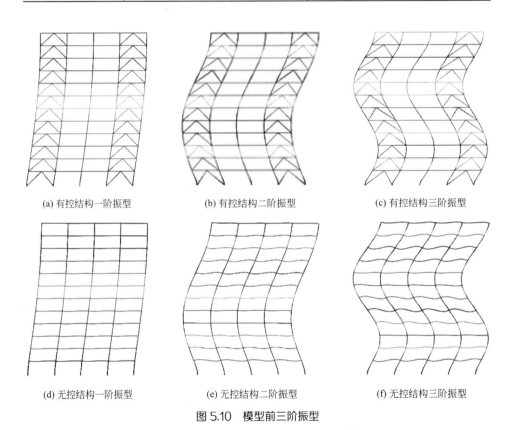

(a) 有控结构一阶振型　　　　　(b) 有控结构二阶振型　　　　　(c) 有控结构三阶振型

(d) 无控结构一阶振型　　　　　(e) 无控结构二阶振型　　　　　(f) 无控结构三阶振型

图 5.10　模型前三阶振型

对比自振周期与频率可知，带有防屈曲支撑的有控结构相较无控结构的自振频率略高，说明防屈曲支撑可以为框架结构提供较大的初始刚度。

5.3　主余震序列作用下结构地震反应分析

本节使用 ABAQUS 有限元分析平台对防屈曲支撑钢管混凝土框架结构进行地震反应数值模拟分析。通过已有研究成果可知：单一主震下的结构反应与地震序列下的结构反应存在很大差异。在不同 ∇PGA (δ) 条件下，对结构进行有区别的非线性动力时程分析是非常有必要的。国内外学者已经从理论分析和数值模拟两方面叙述证明该结构具有良好的耗能性能。本节先后向防屈曲钢管混凝土框架结构输入单一主震与 ∇PGA 为 0.4、0.6、0.8 的地震序列，记录并分析了在主震与地震序列加载下的结构响应，探究不同 ∇PGA 对结构时程反应峰值的影响，研究地震序列对于防屈曲支撑钢管混凝土框架结构累计损伤。

5.3.1　动力时程分析法

动力时程分析法又称为直接动力法或者时域逐步积分法。主要是指将地震地面运动划分为多个时间段，将时间增量 Δt 划分的非常小。

假设：在时间增量 Δt 内结构的阻尼与刚度均保持常量；地面运动加速度与和质点加速度反应均呈现为线性变化。在假设的基础上对动力方程进行积分，通过逐步积分的方法得到地震过程中每一时刻的结构动力响应与时间的关系。

1. 建立运动方程

在工程中，结构质量按其几何形状连续分布，为了简便计算需要将结构做离散化处理，将结构转化为有限自由度体系计算分析。

建立结构体系的运动方程如下：

$$[M]\{\ddot{x}\} + [C]\{\dot{x}\} + [K]\{x\} = -[M]\{I\}\ddot{x}_g \qquad (5.19)$$

其中：$\{\ddot{x}\}$ 为结构质点加速度向量；

$\{\dot{x}\}$ 为结构质点速度向量；

$\{x\}$ 为结构质点位移向量；

$[M]$ 为整体结构的质量矩阵；

$[C]$ 为整体结构的阻尼矩阵；

$[K]$ 为整体结构的刚度矩阵；

$\ddot{x}_g$ 为地基处地震加速度；

$\{I\}$ 为结构单位矩阵。

2. 质量、刚度与阻尼矩阵

（1）质量矩阵

使用集中质量法对结构进行离散化处理，依据等量动能的原理将每个单元的质量集中至结点上，由单元矩阵叠加形成的整体结构质量矩阵变成对角阵，有效缩减了计算量的同时还不会耦联加速度项。在单向水平地震作用下，整体结构中各单元仅发生平移，其质量矩阵可表达为：

$$[M] = \begin{pmatrix} m_1 & K & 0 \\ M & 0 & M \\ 0 & L & m_n \end{pmatrix} \qquad (5.20)$$

（2）刚度矩阵

带有防屈曲支撑的框架结构的刚度矩阵 $[K]$ 表述如下：

$$[K] = [K_f] + [K_b] \qquad (5.21)$$

其中，$[K_f]$ 为仅框架结构部分的刚度矩阵，使用杆单元的集中刚度模型；$[K_b]$ 为防屈曲支撑的刚度矩阵，由于防屈曲耗能支撑仅受轴向力，在外套管约束的条件下一般不会发生屈曲变形，$[K_b]$ 可以根据由滞回模型推得的防屈曲支撑单元弹塑性切线刚度方程集成。

（3）阻尼矩阵

本章选用的阻尼是可以满足多数工程动力时程分析的瑞雷阻尼形式，假定在真实地震动作用下的结构动力反应仅由前几阶振型决定，瑞雷阻尼表述如下：

$$[C] = \alpha[M] + \beta[K] \qquad (5.22)$$

$$\alpha = \frac{2\,(\,\xi_1\omega_2 - \xi_2\omega_1\,)\,\omega_1\,\omega_2}{\omega_2^2 - \omega_1^2} \tag{5.23}$$

$$\beta = \frac{2\,(\,\xi_1\omega_2 - \xi_2\omega_1\,)}{\omega_2^2 - \omega_1^2} \tag{5.24}$$

其中：ξ_i 是第 i 振型的阻尼比；

ω_i 是第 i 振型的圆频率。

3. 动力方程求解

由于地震动的随机性，本章节采用数值积分算法中隐式算法 Newmark-β 法求解动力方程，步骤如下：

（1）确定结构质点加速度向量 $\{\ddot{x}\}$、结构质点速度向量 $\{\dot{x}\}$、结构质点位移向量 $\{x\}$；

（2）确定 t_j 时刻的刚度矩阵 $[K]_j$、阻尼矩阵 $[C]_j$ 与质量矩阵 $[M]_j$；

（3）确定 Newmark-β 拟静力方程的 $[K^*]_j$ 与 $\{\Delta P^*\}_j$ 然后求得 $\{\Delta x\}_j$；

$$[K^*]_j \{\Delta x\}_j = \{\Delta P^*\}_j \tag{5.25}$$

其中：
$$[K^*]_j = \frac{1}{\beta \Delta t^2}[M] + \frac{\alpha}{\beta \Delta t}[C] + [K] \tag{5.26}$$

$$
\begin{aligned}
[\Delta P^*]_j = &-[M]\{\ddot{x}_g\} + [M]\left(\frac{1}{\beta \Delta t}\{\dot{x}\}_j + \frac{1}{2\beta}\right)\{\ddot{x}\}_j) \\
&+ [C]\left[\frac{\alpha}{\beta}\{\dot{x}\}_j + \Delta t\left(\frac{\alpha}{2\beta} - 1\right)\{\ddot{x}\}_j\right]
\end{aligned} \tag{5.27}
$$

（4）然后确定 $\{\Delta \dot{x}\}_j$ 与 $\{\Delta \ddot{x}\}_j$；

$$\{\Delta \ddot{x}\}_j = \frac{1}{\beta \Delta t^2}\left(\{\Delta x\}_j - \{\dot{x}\}_j \Delta t - \frac{1}{2}\{\ddot{x}\}_j \Delta t^2\right) \tag{5.28}$$

$$\{\Delta \dot{x}\}_j = \frac{\alpha}{\beta \Delta t^2}\left(\{\Delta x\}_j - \{\dot{x}\}_j \Delta t - \left(\frac{\beta}{\alpha} - \frac{1}{2}\right)\{\ddot{x}\}_j \Delta t^2\right) \tag{5.29}$$

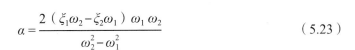

（5）计算时刻为 $t_j+\Delta t$ 的质点加速度向量 $\{\ddot{x}\}_j$、结构质点速度向量 $\{\dot{x}\}_j$、结构质点位移向量 $\{x\}_j$；

$$\{\Delta\ddot{x}\}_{j+1}=\{\ddot{x}\}_j+\{\Delta\ddot{x}\}_j \tag{5.30}$$

$$\{\Delta\dot{x}\}_{j+1}=\{\dot{x}\}_j+\{\Delta\dot{x}\}_j \tag{5.31}$$

$$\{\Delta x\}_{j+1}=\{x\}_j+\{\Delta x\}_j \tag{5.32}$$

（6）循环以上步骤，直至计算完毕。

5.3.2　地震反应分析

挑选了由实际记录构造而成的 80 组地震序列，研究防屈曲支撑钢管混凝土框架结构在地震序列下的反应，有必要先对单一主震作用下结构的动力响应进行研究分析，然后再研究主震加上不同 ∇PGA 地震序列作用下结构的反应。通过对比单一主震与地震序列作用下的同一结构的地震响应，来分析地震序列对结构累计损伤的影响。本书选取以下地震响应作为指标评估结构在不同工况下的抗震性能：顶层位移：能否满足抗震规范中规定的弹塑性顶层位移限值；层间位移角：能否满足抗震规范中规定的弹塑性层间位移角限值。

依据前面章节所述步骤，计算调幅后所得 80 组地震动作用下防屈曲支撑钢管混凝土框架结构的顶层位移与层间位移角作为动力响应。按照 ∇PGA 为 0.4、0.6、0.8 的顺序，对结构的动力响应值统计后对比分析。

图 5.11 给出了防屈曲支撑钢管混凝土框架结构在地震动 ID 为 A-CAT（$PGA=0.042g$）、H-CC4（$PGA=0.115g$）与 A-CAS（$PGA=0.332g$）的地震动作用下的曲线对比情况。以这三组工况为例，具体分析单一主震与地震序列作用下结构的顶层位移时程。

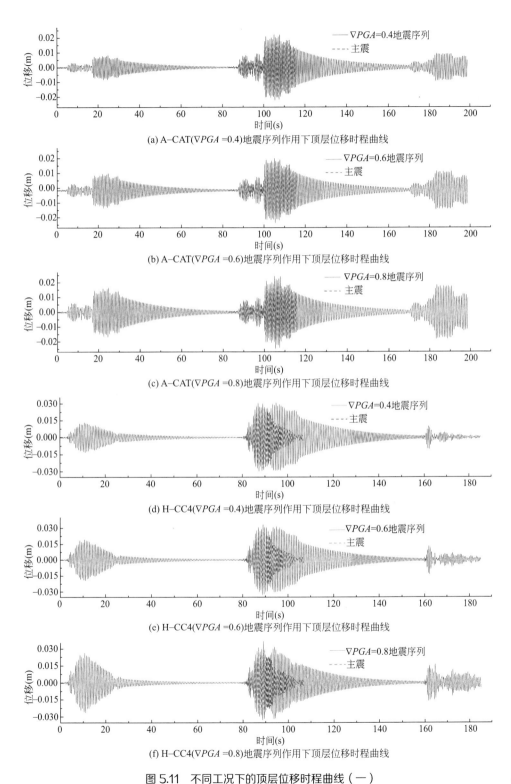

(a) A–CAT(∇PGA =0.4)地震序列作用下顶层位移时程曲线

(b) A–CAT(∇PGA =0.6)地震序列作用下顶层位移时程曲线

(c) A–CAT(∇PGA =0.8)地震序列作用下顶层位移时程曲线

(d) H–CC4(∇PGA =0.4)地震序列作用下顶层位移时程曲线

(e) H–CC4(∇PGA =0.6)地震序列作用下顶层位移时程曲线

(f) H–CC4(∇PGA =0.8)地震序列作用下顶层位移时程曲线

图 5.11 不同工况下的顶层位移时程曲线（一）

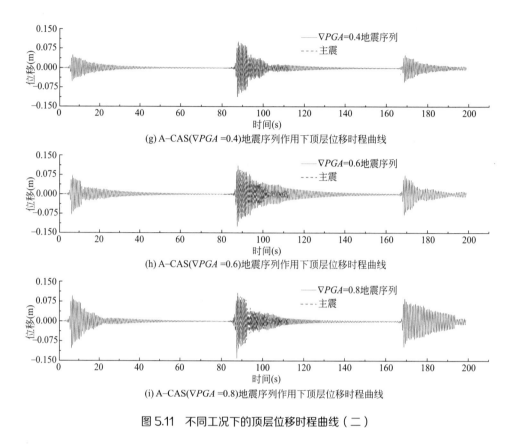

(g) A–CAS(∇PGA =0.4)地震序列作用下顶层位移时程曲线

(h) A–CAS(∇PGA =0.6)地震序列作用下顶层位移时程曲线

(i) A–CAS(∇PGA =0.8)地震序列作用下顶层位移时程曲线

图 5.11　不同工况下的顶层位移时程曲线（二）

从图 5.11 可以看出，在地震序列作用下，结构顶层位移最大值一般出现主震段。在相同地震序列作用下，随着 ∇PGA 的增大，地震动引起结构的结构顶层位移最大值逐渐增大。在不同地震序列作用下，随着主震幅值的逐渐增大，地震动引起结构的结构顶层位移最大值逐渐增大。地震序列作用会对结构产生一定的残余变形，随着 ∇PGA 的增大，残余变形的峰值也随之增大。

图 5.12 给出了防屈曲支撑钢管混凝土框架结构在地震动 ID 为 A-CAT（PGA=0.042g）、H-CC4（PGA=0.115g）与 A-CAS（PGA=0.332g）在主震与不同 ∇PGA 地震序列作用下的层间位移角对比图。每个图中显示了结构在主震与 ∇PGA=0.4、∇PGA=0.6、∇PGA=0.8 的地震序列作用下的层间位移角对比情况，以这三组工况为例，具体分析单一主震与地震序列作用下结构的层间位移角。

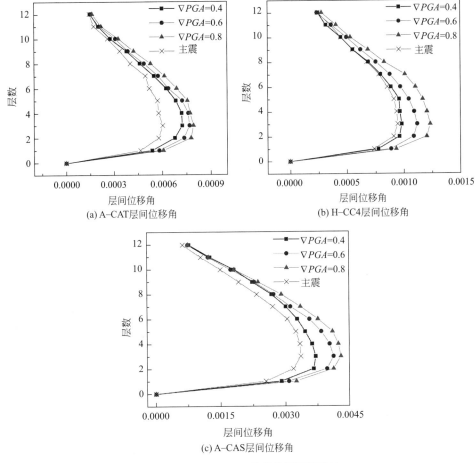

(a) A–CAT层间位移角　　　　　　(b) H–CC4层间位移角

(c) A–CAS层间位移角

图 5.12　不同工况下的结构层间位移角

　　从图 5.12 可以看出，在单一主震地震动与地震序列作用下，三层的层间位移角一般大于其他层，即结构薄弱层可能会出现在三层。在同一的地震序列作用下，随着 ∇PGA 的增大，地震序列引起结构的层间位移角最大值也逐渐增大。在不同地震序列作用下，随着主震幅值逐渐增大，地震序列引起结构的层间位移角最大值逐渐增大。为了进一步对单一主震与地震序列作用下结构的地震响应对比分析，表 5.2 与表 5.3 给出所算工况中的 15 组地震动下的顶层位移最大值与层间位移角最大值对比情况。

不同工况下顶层位移最大值　　　　　　　　　　　　表 5.2

地震动 ID	PGA（g）	顶层位移（mm）						
		主震	∇PGA =0.4	增幅 %	∇PGA =0.6	增幅 %	∇PGA =0.8	增幅 %
M–AGW	0.032	10.12	11.93	17.82	12.94	27.84	14.11	39.41
A–CAT	0.042	21.14	22.54	6.62	23.61	11.68	24.82	17.41
A–STP	0.049	23.18	26.65	14.95	26.66	15.00	31.47	35.75
HO6	0.060	13.42	14.61	8.88	15.75	17.42	18.79	40.08
A–CTS	0.062	19.74	20.84	5.55	22.82	15.60	26.22	32.80
A–HAR	0.070	47.32	48.08	1.62	51.35	8.53	57.41	21.35
H–CO8	0.100	70.99	74.70	5.24	90.07	26.88	94.47	33.07
H–CC4	0.115	36.09	43.62	20.88	52.29	44.88	53.64	48.62
H–CAL	0.128	19.19	24.74	28.93	28.43	48.13	31.99	66.70
H–CMP	0.144	69.19	73.94	6.87	86.52	25.04	92.26	33.34
BRA	0.160	28.61	30.70	7.31	33.11	15.73	36.55	27.75
M–GMR	0.184	12.15	15.98	31.56	20.19	66.18	20.40	67.90
M–G03	0.194	24.76	27.44	10.81	27.34	10.41	27.47	10.93
M–G02	0.200	42.15	53.57	27.09	49.71	17.94	56.94	35.09
A–DWN	0.215	98.21	107.62	9.58	124.44	26.71	124.92	27.20
FLE	0.237	56.93	68.62	20.54	79.27	39.24	89.22	56.71
C08	0.259	88.21	90.75	2.87	95.97	8.80	106.57	20.82
H–CHI	0.269	153.27	180.49	17.76	194.00	26.58	235.07	53.37
A–BIR	0.299	85.14	106.52	25.11	123.55	45.11	134.30	57.73
I–ELC	0.309	205.51	208.51	1.46	229.05	11.45	255.67	24.41
A–CAS	0.322	103.16	110.72	7.33	124.45	20.64	140.07	35.78
H–DLT	0.349	108.68	123.62	13.75	134.69	23.93	159.73	46.97
HOL	0.358	189.52	194.36	2.55	207.12	9.29	218.26	15.17
CAP	0.395	120.07	122.69	2.18	126.24	5.14	143.24	19.30
G04	0.413	108.79	132.15	21.47	169.48	55.79	187.37	72.23
G03	0.547	169.79	174.69	2.89	180.37	6.23	259.14	52.62
SCS	0.612	430.69	504.98	17.25	598.28	38.91	697.79	62.02
H–BCR	0.780	197.14	214.99	9.05	243.75	23.64	259.11	31.44

续表

地震动 ID	PGA（g）	顶层位移（mm）						
		主震	∇PGA =0.4	增幅 %	∇PGA =0.6	增幅 %	∇PGA =0.8	增幅 %
RRS	0.834	659.33	717.68	8.85	794.27	20.47	837.11	26.96
SPV	0.939	272.37	286.98	5.36	292.49	7.39	356.46	30.87

不同工况下层间位移角最大值　　　　表 5.3

地震动 ID	PGA	$ISD\%_{max}$（10^{-3}）						
		主震	多次 0.4	增幅 %	多次 0.6	增幅 %	多次 0.8	增幅 %
M–AGW	0.032	0.42	0.52	21.92	0.58	36.44	0.62	45.62
A–CAT	0.042	0.60	0.72	20.02	0.77	27.58	0.79	31.60
A–STP	0.049	0.79	0.86	9.01	0.87	10.41	1.04	31.30
HO6	0.060	0.37	0.40	7.62	0.44	18.10	0.47	24.97
A–CTS	0.062	0.60	0.69	15.78	0.70	17.71	0.85	41.82
A–HAR	0.070	1.54	1.60	3.81	1.70	10.03	1.88	22.07
H–CO8	0.100	2.30	2.46	6.89	2.95	28.33	3.24	41.06
H–CC4	0.115	1.23	1.40	13.55	1.66	34.46	1.76	42.45
H–CAL	0.128	0.71	0.84	17.48	0.90	25.50	0.99	38.24
H–CMP	0.144	2.51	2.62	4.29	3.02	20.36	3.55	41.12
BRA	0.160	0.95	0.98	3.82	1.12	18.38	1.23	30.01
M–GMR	0.184	0.68	0.73	6.23	0.78	13.84	0.80	17.08
M–G03	0.194	0.85	0.92	7.33	0.94	9.45	0.99	15.58
M–G02	0.200	1.20	1.48	23.13	1.59	32.30	1.68	39.64
A–DWN	0.215	3.24	3.62	11.76	4.23	30.42	4.27	31.65
FLE	0.237	2.20	3.11	41.26	3.20	45.45	3.48	58.03
C08	0.259	3.02	3.11	3.05	3.40	12.58	3.66	21.07
H–CHI	0.269	4.01	5.19	29.29	5.99	49.31	6.06	50.94
A–BIR	0.299	1.92	2.26	17.44	2.34	21.67	2.79	45.22
I–ELC	0.309	6.90	8.70	26.09	9.50	37.69	10.11	46.55
A–CAS	0.322	3.36	3.71	10.42	4.13	22.92	4.31	28.27
H–DLT	0.349	0.93	1.40	51.47	1.55	67.01	1.63	76.23
HOL	0.358	6.74	6.97	3.41	7.38	9.50	8.18	21.31

地震动 ID	PGA	ISD%$_{max}$（10^{-3}）						
		主震	多次 0.4	增幅 %	多次 0.6	增幅 %	多次 0.8	增幅 %
CAP	0.395	3.87	4.10	5.94	4.27	10.34	4.59	18.64
G04	0.413	3.99	4.75	18.95	5.64	41.35	6.55	64.16
G03	0.547	21.23	22.83	7.54	26.75	25.98	30.88	45.46
SCS	0.612	74.95	84.61	12.89	106.15	41.63	109.75	46.43
H-BCR	0.780	27.60	29.02	5.14	30.24	9.57	34.99	26.79
RRS	0.834	111.24	121.52	9.24	134.90	21.27	144.43	29.84
SPV	0.939	34.97	36.02	2.99	37.53	7.32	41.76	19.43

分析图表中部分工况可以得知：∇PGA=0.4 地震序列作用下顶层位移最大值增幅为 1.46% ~ 31.56%，层间位移角最大值增幅为 2.99% ~ 51.47%；∇PGA=0.6 地震序列作用下顶层位移最大值增幅为 5.14% ~ 66.18%，层间位移角最大值增幅为 7.32% ~ 67.01%；∇PGA=0.8 地震序列作用下顶层位移最大值增幅为 10.93% ~ 72.23%，层间位移角最大值增幅为 15.58% ~ 76.23%。即在不同地震序列作用下，随着主震地震动 PGA 的增大，结构的顶层位移最大值与层间位移角最大值虽然不是线性增加，但整体呈现增大的趋势。在相同地震序列作用下，随着 ∇PGA 的增大，地震序列引起结构的地震响应峰值也逐渐增大。

对于地震序列作用下防屈曲支撑钢管混凝土框架结构地震反应分析，结果如下：

（1）当所选地震动加速度 PGA 较小时，地震序列中前震与主震幅值都很小，经历前震后结构处于弹性状态，遭受比前震强度略大的主震之后结构仍处于弹性状态。此时受损结构再次经历余震，结构构件发生破坏的风险会大大增加。

（2）当所选地震动加速度 PGA 较大时，两种情况。一是 ∇PGA 较小，地震序列中前震幅值较小而主震幅值很大，经历前震后结构处于弹性状态，但遭遇主震之后，结构进入非线性状态，产生了非线性反应；二是 ∇PGA 较大，地震序列中前震与主震地震峰值幅值都很大，结构在前震时已经发生了严重破坏，塑性特征比较明显，刚度退化较大，但是遇到强度更大的主震作用时，结构非线性特征加重，刚度会进一步下降。此时受损结构再次经历强余震，会大大增加结构构件发生倒塌的风险。

5.4 主余震序列作用下结构易损性分析

5.4.1 概率地震需求模型

基于云图法流程计算得到防屈曲支撑钢管混凝土框架结构的概率性地震需求模型，图 5.13 给出单一主震与 ∇PGA =0.4、∇PGA =0.6、∇PGA =0.8 地震序列作用下结构的概率性地震需求模型。各工况具体计算结果如表 5.4 所示。由图 5.13 所建的地震需求模型可见，地震需求参数层间位移角峰值 $ISD\%_{max}$ 与地震动强度参数地震峰值加速度 PGA 能够较好的服从对数线性关系，线性拟合判别系数 R^2 分别 0.76618、0.75449、0.77191、0.76804。根据线性回归理论：线性拟合判别系数 R^2 越接近 1，线性拟合程度越好。相反的，线性拟合判别系数 R^2 越接近 0，线性拟合程度越差。基于防屈曲支撑钢管混凝土框架结构非线性时程分析结果得到的线性拟合判别系数 R^2 都大于 0.75，与 1 接近，这说明云图法中假设地震需求参数服从对数线性关系的概率性地震需求模型能够很好地描绘出大量非线性时程分析结果的概率特征。即采用假设地震需求参数服从对数线性关系的概率性地震需求模型来描述结构的地震需求的概率特征具有很高的可信度，为后续的基于概率性地震需求模型的地震易损性分析奠定了基础。

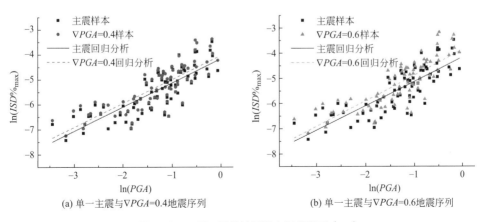

(a) 单一主震与∇PGA=0.4地震序列   (b) 单一主震与∇PGA=0.6地震序列

图 5.13 不同工况的地震概率需求模型（一）

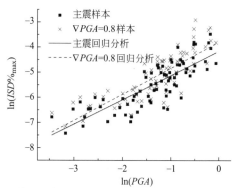

(c) 单一主震与∇PGA=0.8地震序列下结构概率性地震需求模型

图5.13 不同工况的地震概率需求模型（二）

工况	回归方程：ln（$ISD\%_{max}$）=a+b· ln（PGA）	决定系数 R^2	标准差 $\sigma_{D/IM}$
单一主震	ln（$ISD\%_{max}$）= −4.1604+0.96596ln（PGA）	0.76618	0.27845
∇PGA =0.4	ln（$ISD\%_{max}$）= −4.03073+0.98723ln（PGA）	0.75449	0.28215
∇PGA =0.6	ln（$ISD\%_{max}$）= −3.86207+1.01474ln（PGA）	0.77191	0.29486
∇PGA =0.8	ln（$ISD\%_{max}$）= −3.79405+1.03846ln（PGA）	0.76804	0.31308

防屈曲支撑钢管混凝土框架结构地震需求模型　　　　表5.4

5.4.2　结构破坏状态与极限状态

　　划分结构破坏状态 DS（Damage State）与定义结构极限状态 LS（Limit State）是对结构进行概率地震抗震能力分析的核心内容。在概率地震抗震能力分析中，结构极限状态由于受到地震动与结构不确定性的影响，结构极限状态应服从概率分布，这也正是概率地震抗震能力分析的真正意义。基于性能的地震工程与传统地震工程对于结构破坏状态的划分与结构极限状态的定义都有相关规定。基于性能的地震工程优于传统地震工程之处就是基于性能的地震工程将重点放置于不同地震动条件下结构发生破坏状态的随机性，体现了多样性的结构性能水准的评估，即结构极限状态的定义。在两个相邻结构极限状态之间的区域即是结构的破坏状态，即存在结构的破坏状态数量为 N 个时，结构的极

限状态数量 *N*-1 个。先划分结构破坏状态，后定义结构极限状态。两者之间的关系如图 5.14 所示。

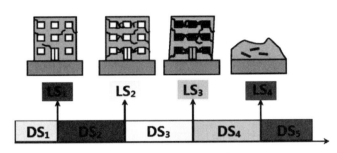

图 5.14 极限状态与破坏状态

1. 防屈曲支撑钢管混凝土框架破坏状态划分

针对不同的研究目的，现有修订的划分结构破坏状态的方法也各有不同。经历了汶川大地震后，我国为了调查结构在震害中的破坏特点，评估震害后经济损失，使用颜色标记法划分结构破坏状态。该方法也被欧洲地震规划防护组织 EPPO（European and Mediterranean Plant Protection Organization）与美国抗震规范体系 ATC-21（Applied Technology Council-21）所采纳。颜色标记法即是用不同的颜色标记结构不同的破坏程度，颜色越深说明结构破坏程度越剧烈。

2008 年我国修订的地震烈度表中，沿用梅德韦杰夫·施蓬霍伊尔·卡尔尼克烈度度量标准 MSK-64 与欧洲宏观地震烈度报告 EMS-98（European Macro Seismic scale-98）中划分的结构破坏状态。该方法是通过研究地震烈度标准找到结构破坏特征的。除了地震烈度表，其他相关规定条例中也出现了对结构破坏状态划分的评定标准，见表 5.5。

综合表中规定条例中的结构破坏状态划分的评定标准，本书将结构破坏状态划分为基本完好、轻微破坏、中等破坏、严重破坏、倒塌五个破坏状态等级。五个破坏状态等级对应了结构的四个极限状态，分别为：轻微破坏、中等破坏、严重破坏、倒塌。本书使用的结构破坏状态的划分与结构极限状态的定义与美国风险评估软件 MH-HAZUS 相一致，也符合我国 2010 抗震规范中新修订的划分方法。

结构破坏状态划分   表 5.5

规范条例名称	结构破坏状态划分
我国 2008 年地震烈度表	基本完好、轻微破坏、中等破坏、严重破坏、毁坏
ATC-13	轻微破坏、较轻破坏、中等破坏、严重破坏、局部倒塌、倒塌
EEEI 与 HAZUS	轻微破坏、中等破坏、严重破坏、完全破坏
ATC-40 与 FEMA-273	立即居住、损伤控制、生命安全、有限安全、倒塌预防、倒塌
欧洲抗震规范	破坏极限、显著破坏、接近倒塌
我国 2010 抗震规范	基本完好、轻微破坏、中等破坏、严重破坏

2. 防屈曲支撑钢管混凝土框架极限状态定义

由于防屈曲支撑钢管混凝土框架结构是一种新型的高性能结构体系，规范中尚未明确给出表征其抗震能力的变形限值。考虑到结构特点，参考《高层建筑钢 - 混凝土混合结构设计规程》[152]（2003）中对混合框架结构在地震作用下的建议限值和《建筑抗震设计规范》[139]（2010）中不同破坏状态下结构构件实现抗震性能要求的层间位移参考指标确定该结构的变形限值，定义四个抗震能力中位值 μ_C 为 1/400、1/200、1/100 和 1/50，对应四个极限破坏状态为 LS-1 轻微破坏、LS-2 中等破坏、LS-3 严重破坏和 LS-4 倒塌。

5.4.3 地震易损性分析

防屈曲支撑钢管混凝土框架结构易损性函数见式（5.33）。

$$P\left(D \geqslant C|IM\right) = \Phi\left[\frac{\ln\left(IM\right) - \left(\ln\left(\mu_C\right) - \ln a\right)/b}{\sqrt{\sigma_{D|IM}^2 + \sigma_C^2/b}}\right] \quad (5.33)$$

式中：μ_D 和 μ_C 分别为地震需求和结构能力的中位值；

$\sigma_{D|IM}$ 和 σ_C 分别为地震需求和结构能力的标准差，σ_C 参考文献 [153]-[154]（2017-2008）取 0.25。

选取层间位移角最大值（$ISD\%_{max}$）作为地震响应指标，地震易损性函数可写成式（5.34）。

$$P\left(ISD\%_{max} \geqslant LS_i | IM\right) = 1 - \Phi\left[\frac{\ln\left(LS_i\right) - \bar{\mu}_{\ln|PGA}}{\beta_{\ln|PGA}}\right] \quad (5.34)$$

式中：LS_i 为结构破坏极限状态值，按照 5.3.2 章节中内容取值；

$\quad$ $\bar{\mu}_{\ln|PGA}$ 为地震需求的对数均值；

$\quad$ $\beta_{\ln|PGA}$ 地震需求的对数均值。

地震易损性曲线其实就是描绘了不同峰值加速度地震动作用下结构地震响应指标超过结构破坏极限状态值的概率。本章给出的地震易损性曲线直观描述了不同地震峰值加速度的单一主震与 ∇PGA 为 0.4、0.6、0.8 的地震序列作用下层间位移角峰值响应超过预定的破坏极限值 LS_1（$ISD\%_{max}$=1/400）、LS_2（$ISD\%_{max}$=1/200）、LS_3（$ISD\%_{max}$=1/100）、LS_1（$ISD\%_{max}$=1/50）的概率曲线。根据式（5.34），可以得到 4 种破坏极限值的超越概率，如式（5.35）~式（5.38）所示。

$$P\left(ISD\%_{max} \geqslant LS_1 | IM\right) = 1 - \Phi\left[\frac{-5.991 - \bar{\mu}_{\ln|PGA}}{\beta_{\ln|PGA}}\right] \quad (5.35)$$

$$P\left(ISD\%_{max} \geqslant LS_2 | IM\right) = 1 - \Phi\left[\frac{-5.298 - \bar{\mu}_{\ln|PGA}}{\beta_{\ln|PGA}}\right] \quad (5.36)$$

$$P\left(ISD\%_{max} \geqslant LS_3 | IM\right) = 1 - \Phi\left[\frac{-4.605 - \bar{\mu}_{\ln|PGA}}{\beta_{\ln|PGA}}\right] \quad (5.37)$$

$$P\left(ISD\%_{max} \geqslant LS_4 | IM\right) = 1 - \Phi\left[\frac{-3.912 - \bar{\mu}_{\ln|PGA}}{\beta_{\ln|PGA}}\right] \quad (5.38)$$

图 5.15 为不同强度地震峰值加速度的不同地震峰值加速度的单一主震与

∇PGA 为 0.4、0.6、0.8 的地震序列作用下结构的地震易损性曲线，其中分别给出了四个不同极限状态（即 LS_1（$ISD\%_{max}$=1/400）、LS_2（$ISD\%_{max}$=1/200）、LS_3（$ISD\%_{max}$=1/100）、LS_4（$ISD\%_{max}$=1/50））对应的地震易损性曲线。图 5.15（a）表示 LS_1 的地震易损性曲线，将结构的破坏状态分为基本完好与轻微破坏；图 5.15（b）表示 LS_2 的地震易损性曲线，将结构的破坏状态分为轻微破坏与中等破坏；图 5.15（c）表示 LS_3 的地震易损性曲线，将结构的破坏状态分为中等破坏与严重破坏；图 5.15（d）表示 LS_4 的地震易损性曲线，将结构的破坏状态分为严重破坏与倒塌。

在易损性曲线图中，沿纵坐标画一条直线与易损性曲线图相交于一点可以得到交点的相应横坐标，即地震动强度，对现有防屈曲支撑钢管混凝土框架结构可以预估其出现某一破坏状态时可能的地震动强度，从而依据当地的震害资料及地质资料指导结构的设计。同样，沿横坐标画一条直线与易损性曲线图相交于一点，可以得到交点的相应纵坐标，即结构损伤超过某一限定值的概率，当地震发生时，可通过易损性曲线对结构的破坏进行快速评估，从而做出最有利的决策。

从图 5.15 可以看出，考虑地震序列作用下地震易损性曲线均位于单一主震作用的易损性曲线上方，这种现象说明结构在经历地震序列后发生不同程度破坏的概率均变大了。随着 ∇PGA 的增大，超越概率越大说明地震序列对结构累计损伤的影响越大。

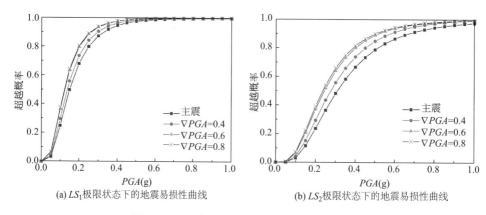

(a) LS_1 极限状态下的地震易损性曲线   (b) LS_2 极限状态下的地震易损性曲线

图 5.15 不同极限状态的地震易损性曲线（一）

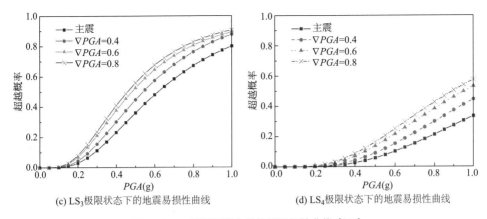

(c) LS₃极限状态下的地震易损性曲线 (d) LS₄极限状态下的地震易损性曲线

图 5.15　不同极限状态的地震易损性曲线（二）

将图 5.16 每个极限状态的地震易损性曲线汇总到一张图中，可以更加直观的看出防屈曲支撑钢管混凝土框架结构在不同 ∇PGA 地震序列作用下超越每个极限状态的概率。图 5.16（a）给出了在单一主震和 ∇PGA=0.4 的地震序列作用下结构超越 LS_1、LS_2、LS_3、LS_4 的概率；图 5.16（b）给出了防屈曲支撑钢管混凝土框架结构在单一主震和 ∇PGA=0.6 的地震序列作用下超越 LS_1、LS_2、LS_3、LS_4 的概率；图 5.16（c）给出了防屈曲支撑钢管混凝土框架在单一主震和 ∇PGA=0.8 的地震序列作用下超越 LS_1、LS_2、LS_3、LS_4 的概率。

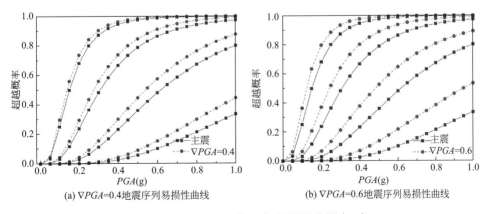

(a) ∇PGA=0.4地震序列易损性曲线 (b) ∇PGA=0.6地震序列易损性曲线

图 5.16　不同 ∇PGA 地震序列易损性曲线（一）

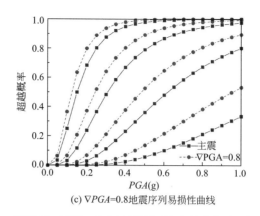

(c) ∇PGA=0.8地震序列易损性曲线

图 5.16 　不同 ∇PGA 地震序列易损性曲线（二）

地震易损性曲线中超越概率 50% 时对应的 PGA 取值为地震易损性曲线的 PGA 中位值。结构在 ∇PGA=0.4、0.6、0.8 地震序列作用下超越 $\mathrm{LS_1}$ 对应的 PGA 中位值的分别较结构在主震作用下超越 $\mathrm{LS_1}$ 对应的 PGA 中位值减少了 5%、7%、12%；结构在 ∇PGA=0.4、0.6、0.8 地震序列作用下超越 $\mathrm{LS_2}$ 对应的中位值 PGA 的分别较结构在主震作用下超越 $\mathrm{LS_2}$ 对应的 PGA 中位值减小了 9%、11%、16%；结构在 ∇PGA=0.4、0.6、0.8 地震序列作用下超越 $\mathrm{LS_3}$ 对应的中位值 PGA 的分别较结构在主震作用下超越 $\mathrm{LS_3}$ 对应的 PGA 中位值减小了 14%、16、19%。数据表明，结构在地震序列作用下超越各极限状态对应的 PGA 相较结构在主震作用下超越各极限状态对应的 PGA 有减小的趋势，即与单一主震相比，地震序列作用下结构更易在其他条件相同的情况下发生破坏，因此应将地震序列作用考虑在指导结构的设计中。

由图 5.15 与图 5.16 可知，地震序列对于结构的地震易损性曲线的影响非常明显，即地震序列会导致地震易损性曲线整体上移，这种影响会随着 ∇PGA 的增大而愈加明显，尤其是对于倒塌的地震易损性曲线的影响尤为明显。

从图 5.16（a）可以看出，对于 $\mathrm{LS_1}$ 极限状态对应的地震易损性曲线，地震序列与单一主震之间的差别较小，而对于 $\mathrm{LS_2}$ 与 $\mathrm{LS_3}$ 极限状态对应的地震易损性曲线，地震震序列与单一主震之间的差别明显大于 $\mathrm{LS_1}$ 极限状态。如图 5.16（b）、

图 5.16（c）所示，随着 ∇PGA 的增大，与地震序列的地震易损性曲线相较单一主震差异逐渐增大。

为了更清晰的体现这种差异，综合图 5.16 的不同 ∇PGA 地震序列易损性曲线，图 5.17 将所有工况下的地震易损性曲线汇总到一起。

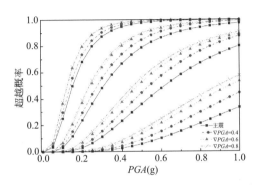

图 5.17　不同 ∇PGA 地震序列地震易损性曲线对比

在 LS_1 极限状态下的易损性曲线中：PGA=0.2g 时，单一主震超越概率为 68%，相较单一地震，∇PGA=0.4 地震序列使得超越概率的值提高了 8%，∇PGA=0.6 地震序列使得超越概率的值提高了 17%，∇PGA=0.8 地震序列使得超越概率的值提高了 18%；PGA=0.4g 时，单一主震超越概率为 94.7%，相较单一地震，∇PGA=0.4 地震序列使得超越概率的值提高了 2%，∇PGA=0.6 地震序列使得超越概率的值提高了 3%，∇PGA=0.8 地震序列使得超越概率的值提高了 4%；PGA=0.8g 时，单一主震超越概率为 94%，相较单一地震，∇PGA=0.4 地震序列使得超越概率的值提高了 0.4%，∇PGA=0.6 地震序列使得超越概率的值提高了 0.7%，∇PGA=0.8 地震序列使得超越概率的值提高了 0.8%。

在 LS_2 极限状态下的易损性曲线中：PGA=0.2g 时，单一主震超越概率为 24%，相较单一地震，∇PGA=0.4 地震序列使得超越概率的值提高了 24%，∇PGA=0.6 地震序列使得超越概率的值提高了 56%，∇PGA=0.8 地震序列使得超越概率的值提高了 65%；PGA=0.4g 时，单一主震超越概率为 66%，相较单一地震，∇PGA=0.4 地震序列使得超越概率的值提高了 11%，∇PGA=0.6 地震序列使得

5　主余震序列作用下防屈曲支撑钢管混凝土框架结构易损性分析

139

超越概率的值提高了 20%，$\nabla PGA=0.8$ 地震序列使得超越概率的值提高了 22%；$PGA=0.8$g 时，单一主震超越概率为 86%，相较单一地震，$\nabla PGA=0.4$ 地震序列使得超越概率的值提高了 5%，$\nabla PGA=0.6$ 地震序列使得超越概率的值提高了 8%，$\nabla PGA=0.8$ 地震序列使得超越概率的值提高了 10%。

在 LS_3 极限状态下的易损性曲线中：$PGA=0.2$g 时，单一主震超越概率为 3%，相较单一地震，$\nabla PGA=0.4$ 地震序列使得超越概率的值提高了 49%，$\nabla PGA=0.6$ 地震序列使得超越概率的值提高了 78%，$\nabla PGA=0.8$ 地震序列使得超越概率的值提高了 91%；$PGA=0.4$g 时，单一主震超越概率为 23%，相较单一地震，$\nabla PGA=0.4$ 地震序列使得超越概率的值提高了 29%，$\nabla PGA=0.6$ 地震序列使得超越概率的值提高了 62%，$\nabla PGA=0.8$ 地震序列使得超越概率的值提高了 76%；$PGA=0.8$g 时，单一主震超越概率为 48%，相较单一地震，$\nabla PGA=0.4$ 地震序列使得超越概率的值提高了 19%，$\nabla PGA=0.6$ 地震序列使得超越概率的值提高了 34%，$\nabla PGA=0.8$ 地震序列使得超越概率的值提高了 40%。

在 LS_4 极限状态下的易损性曲线中：$PGA=0.2$g 时，单一主震超越概率为 0.1%，相较单一地震，$\nabla PGA=0.4$ 地震序列使得超越概率的值提高了 81%，$\nabla PGA=0.6$ 地震序列使得超越概率的值提高了 92%，$\nabla PGA=0.8$ 地震序列使得超越概率的值提高了 151%；$PGA=0.4$g 时，单一主震超越概率为 2.6%，相较单一地震，$\nabla PGA=0.4$ 地震序列使得超越概率的值提高了 65%，$\nabla PGA=0.6$ 地震序列使得超越概率的值提高了 107%，$\nabla PGA=0.8$ 地震序列使得超越概率的值提高了 143%；$PGA=0.8$g 时，单一主震超越概率为 10%，相较单一地震，$\nabla PGA=0.4$ 地震序列使得超越概率的值提高了 50%，$\nabla PGA=0.6$ 地震序列使得超越概率的值提高了 79%，$\nabla PGA=0.8$ 地震序列使得超越概率的值提高了 113%。不同 ∇PGA 地震序列均对结构超越各个极限状态的概率有所增加，但地震序列在严重破坏与倒塌极限状态下更加明显。

参考文献

[1] 王社良 . 抗震结构设计 [M]. 武汉：理工大学出版社，2011.

[2] 李宏男 . 地震工程学 [M]. 北京：机械工业出版社，2013.

[3] 吴开统，李文喜 . 强余震的灾害评估 [J]. 中国地震，1995，11(4)：368-373.

[4] 吕大刚，李晓鹏，张鹏 . 土木工程结构地震易损性分析的有限元可靠度方法 [C]. 中国灾害防御协会风险分析专业委员会年会，2006.

[5] Omori F. On the After-shocks of Earthquakes[M]. The journal of the College of Science. 1895：111-200.

[6] Mahin S A. Effects of duration and aftershocks on inelastic design earthquakes[C]. In：Proceedings of the seventh world conference on earthquake engineering，Istanbul.1980，5：677-679.

[7] Amadio C，Fragiacomo M，Rajgelj S. The effects of repeated earthquake ground motions on the nonlinear response of SDOF systems[J]. Earthquake Engineering & Structural Dynamics，2003，32(2)：291-308.

[8] Kihak L，Douglas A F. Performance Evaluation of Damaged Steel Frame Buildings Subjected to Seismic Loads[J]. Journal of Structural Engineering，2004，(130)：588-599.

[9] Luco N，Bazzurro P，Cornell C A. Dynamic Versus Static Computation of the Residual Capacity of a Mainshock-Damaged Building to Withstand an Aftershock. Proceedings of the 13th World Conference on Earthquake Engineering，2004.

[10] Fragiacomo M，Amadio C，Macorini L. Seismic response of steel frames under repeated earthquake ground motions [J]. Engineering Structures，2004，26 (13)：2021-2035.

[11] Hatzigeorgiou G D，Beskos D E. Inelastic displacement ratios for SDOF structures subjected to repeated earthquakes[J]. Engineering Structures，2009，31(11)：2744-2755.

[12] Hazigeorgiou G D. Behavior factors for nonlinear structures subjected to multiple near-fault earthquakes[J]. Computers and Structures，2010，88(5)：309-321.

[13] Hatzigeorgiou G D. Ductility demand spectra for multiple near-and far-fault earthquakes[J]. Soil Dynamics and Earthquake Engineering，2010，30(4)：170-183.

[14]Yue-Jun Y, Yue L. Loss estimation of light-frame wood construction subjected to mainshock-aftershock sequences[J]. Journal of Performance of Constructed Facilities, 2011, 25(6): 504-513.

[15] Sarno L D. Effects of multiple earthquakes on inelastic structural response[J]. Engineering Structures, 2013, 56(6): 673-681.

[16] Liolios A, Hatzigeorgiou G. A numerical approach for estimating the effects of multiple earthquakes to seismic response of structures strengthened by cable-elements[J]. Journal of Theoretical and Applied Mechanics, 2013, 43(3): 21-32.

[17] Salami M R, Goda K. Seismic loss estimation of residential wood-frame buildings in southwestern British Columbia considering mainshock-aftershock sequences[J]. Journal of Performance of Constructed Facilities, 2014, 28(6): A4014002.

[18] Goda K, Salami M R. Inelastic seismic demand estimation of wood-frame houses subjected to main shock-aftershock sequences[J]. Bulletin of Earthquake Engineering, 2014, 12(2): 855-874.

[19] Duerr K . Seismic vulnerability assessment and retrofit optimization of non-code conforming buildings with consideration of mainshock-aftershock earthquake[D]. The University of British Columbia, 2014.

[20] Han R. L, Li Y, Lindt J V D. Impact of aftershocks and uncertainties on the seismic evaluation of non-ductile reinforced concrete frame buildings[J]. Engineering Structures, 2015, 100: 149-163.

[21] Hatzivassiliou M, Hatzigeorgiou G D. Seismic sequence effects on three-dimensional reinforced concrete buildings[J]. Soil Dynamics and Earthquake Engineering, 2015, 72: 77-88.

[22] Song R, Li Y, Van d L J W. Loss estimation of steel buildings to earthquake mainshock–aftershock sequences[J]. Structural Safety, 2016, 61: 1-11.

[23] 吴开统, 焦远碧, 郑大林, 等 . 强震序列对工程建设的影响 [J]. 地震学刊, 1987, (3): 1-10.

[24] 吴波, 欧进萍 . 主震与余震的震级统计关系及其地震动模型参数 [J]. 地震工程与工程振动, 1993, (3): 28-35.

[25] 欧进萍, 吴波 . 压弯构件在主余震作用下的累积损伤试验研究 [J]. 地震工程与工程振动, 1994, (3): 20-29.

[26] 欧进萍, 吴波 . 有损伤压弯构件的恢复力试验研究及其应用 [J]. 建筑结构学报, 1995, 16(6): 21-29.

[27] 欧进萍, 吴波 . 钢筋混凝土结构在主余震作用下的概率累积损伤分析 [J]. 力学季刊, 1993, (4): 63-70.

[28] 欧进萍，吴波 . 钢筋混凝土结构在主余震作用下的反应与损伤分析 [J]. 建筑结构学报，1993，14(5): 45-53.

[29] 欧进萍，吴波 . 钢筋混凝土结构在主余震作用下的概率累积损伤分析 [J]. 上海力学，1993，14(4): 63-70.

[30] 赵金宝 . 主余震作用下钢筋混凝土框架结构的破坏评估 [D]. 黑龙江：中国地震局地球物理研究所，2005.

[31] 马骏驰，苏经宇，窦远明，等 . 考虑接连两次地震影响的群体建筑物震害预测方法 [J]. 地震工程与工程振动，2005，(05): 93-96.

[32] 马骏驰，窦远明，苏经宇，等 . 考虑接连两次地震影响的建筑物震害分析方法 [J]. 地震工程与工程振动，2004，24(1): 59-62.

[33] 管庆松 . 基于汶川地震强余震观测的框架填充墙结构地震反应分析 [D]. 中国地震局工程力学研究所，2009.

[34] 温卫平 . 基于主余震序列型地震动的损伤谱研究 [D]. 哈尔滨工业大学，2011.

[35] 朱贺 . 填充墙影响下的震损钢筋砼框架结构抗震性能研究 [D]. 广州大学，2012.

[36] 陈佳斌 . 主余震作用下钢筋混凝土框架柱的动力性能研究 [D]. 长安大学，2012.

[37] 侯富涛 . 基于主余震序列型地震动的强度折减系数研究 [D]. 哈尔滨工业大学，2013.

[38] 朱瑞广，吕大刚，李雁军 . 考虑余震影响的非延性 RC 框架模型振动台试验 [C]. 全国地震工程学术会议，2014.

[39] 温卫平 . 主余震地震动参数特征及损伤谱研究 [D]. 哈尔滨工业大学，2015.

[40] 薛云勤 . 主余震序列型地震动作用下 RC 框架结构累积附加损伤研究 [D]. 中国地震局工程力学研究所，2016.

[41] 李钱，吴轶，Lee V，等 . 基于能量及损伤的主余震地震动对超限高层结构抗震性能影响研究 [J]. 建筑结构，2016，46(9): 42-47.

[42] 于晓辉，吕大刚，肖寒 . 主余震序列型地震动的增量损伤谱研究 [J]. 工程力学，2017，(3): 47-53.

[43] 朱健 . 结构动力学原理与地震易损性分析 [M]. 科学出版社，2013.

[44] Hwang H H M，Low Y K. Seismic reliability analysis of plane frame stmctures[J]. Probabilistic engineering mechanics，1989，4(2): 74-84.

[45] Hwang H H M，Low Y K，Hsu H M. Seismic reliabiliy analysis of flat-plate structures[J]. Probabilistic Engineering Mechanics，1990，5(1): 2-8.

[46] Hwang H H M, Jaw J W. Probabilistic damage analysis of structures[J]. Journal of Structural Engineering. 1990, 116(7): 1992-2007.

[47] Ghiocel D M, Wilson P R, Thomas G G, et al. Seismic response and fragility evaluation for an Eastern US NPP including soil-structure interaction effects[J]. Reliability Engineering & System Safety, 1998, 62(3): 197-214.

[48] Ozaki M, Okazaki A, Tomomoto K, et al. Improved response factor methods for seismic fragility of reactor building[J]. Nuclear Engineering & Design, 1998, 185(2): 277-291.

[49] Ellingwood B R. Earthquake risk assessment of building structures[J]. Reliabiliy Engineering & System Safety, 2001, 74(3): 251-262.

[50] Sasani M, Kiureghian A D. Seismic fragility of RC structural walls: displacement approach[J]. Journal of Structural Engineering, 2001, 127 (2): 219-228.

[51] Sasani M, Kiureglian A D, Bertero V V. Seismic fragility of short period reinforced concrete structural walls under near-source ground motions [J]. Structural Safety, 2002, 24(2): 123-138.

[52] Li Q, Ellingwood B R. Performance evaluation and damage assessment of steel frame buildings under main shock-aftershock earthquake sequences[J]. Earthquake Engineering & Structural Dynamics, 2010, 36(3): 405-427.

[53] Ryu H, Luco N, Uma Sr, Liel Abbie. Developing fragilities for main shock-damaged structures through incremental dynamic analysis [C]. Proceedings of the 9th Pacific Conference on Earthquake Engineering, Auckland, New Zealand. 2011.

[54] Rahunandan M, Liel A B, Ryu H, et al. Aftershock fragility curves and tagging assessments for a main shock-damaged building [C]. 15th World Conference on Earthquake Engineering, Lisbon, Portugal. 2012.

[55] Polese M, Di Ludovico M, Prota A, et al. Damage-dependent vulnerability curves for existing buildings[J]. Earthquake Engineering & Structural Dynamics, 2013, 42(6): 853-870.

[56] Li Y, Song R Q, Lindt J V D. Collapse fragility of steel structures subjected to earthquake mainshock-aftershock sequences[J]. Journal of Structural Engineering, 2014, 140(12): 04014095.

[57] Abdelnaby A E, Elnashai A S. Performance of Degrading Reinforced Concrete Frame Systems Under the Tohoku and Christchurch Earthquake Sequences[J]. Journal of Earthquake Engineering, 2014, 18(7): 1009-1036.

[58] Nazari N, Lindt J V D, Li Y. Effect of mainshock-aftershock sequences on woodframe building

damage fragilities[J]. Journal of Performance of Constructed Facilities，2015，29(1)：04014036.

[59] 杨玉成，李大华，杨雅玲，等 . 投入使用的多层砌体房屋震害预测专家系统 PDSMSMB-1[J]. 地震工程与工程振动，1990，(3)：83-90.

[60] 魏巍，冯启民 . 建筑物震害预测易损性分析方法研究 [C]. 全国地震工程学会会议，2002.

[61] 尹之潜 . 地震损失分析与设防标准 [M]. 地震出版社，2004.

[62] 温增平，高孟潭，赵凤新，等 . 统一考虑地震环境和局部场地影响的建筑物易损性研究 [J]. 地震学报，2006，28(3)：277-283.

[63] 刘晶波，刘阳冰，闫秋实 . 基于性能的方钢管混凝土框架结构地震易损性分析 [J]. 土木工程学报，2010，(2)：39-47.

[64] 韩淼，李守静 . 基于能力谱法的框架 - 剪力墙结构地震易损性分析 [J]. 土木工程学报，2010，(s1)：108-112.

[65] 韩淼，那国坤 . 基于增量动力法的剪力墙结构地震易损性分析 [J]. 世界地震工程，2011，27(3)：108-113.

[66] 吴巧云，樊剑，朱宏平 . 基于性能的钢筋混凝土框架结构地震易损性分析 [J]. 工程力学，2012，29(9)：117-124.

[67] 武坤芳 . 基于主余震序列型地震动的 RC 框架结构易损性分析及应用 [D]. 哈尔滨工业大学，2012.

[68] 何益斌，李艳，沈蒲生 . 基于性能的高层混合结构地震易损性分析 [J]. 工程力学，2013，30(8)：142-147.

[69] 苏亮，索靖，宋明亮 . 钢筋砼框架结构易损性评估的参数敏感性分析 [J]. 浙江大学学报 (工学版)，2014，48(8)：1384-1390.

[70] 李瑜瑜 . 主余震地震动作用下 RC 框架地震反应及易损性分析 [D]. 哈尔滨工业大学，2014.

[71] 郑山锁，田进，韩言召，等 . 考虑锈蚀的钢结构地震易损性分析 [J]. 地震工程学报，2014，36(01)：1-6.

[72] 徐骏飞，陈隽，丁国 . 基于 IDA 的主余震序列作用下 RC 框架易损性分析与生命周期费用评估 [J]. 地震工程与工程振动，2015，35(4)：206-212.

[73] 徐超 . 基于地震动参数的 RC 框架结构易损性分析研究 [J]. 地震工程学报，2016，38(2)：43-45.

[74] 王勃 . 主余震作用下 RC 框架结构多元联合易损性与概率安全预测 [D]. 哈尔滨工业大学，

2017.

[75] 马富梓. 考虑主震损伤场景和余震谱形的 RC 框架余震倒塌易损性 [D]. 哈尔滨工业大学,
2017.

[76] 徐金玉. 考虑主余震序列作用的钢筋混凝土框架结构抗震易损性分析 [D]. 兰州理工大学,
2018.

[77] Becker J M, Llorente C, Mueller P. Seismic Response of Precast Walls [J]. Earthquake
Engineering & Structural Dynamics, 1980, 8(6): 545-564.

[78] 朱幼麟, 刘寅生. 装配式大板房屋模型在水平荷载作用下的试验研究 [J]. 建筑结构学报,
1980, 1(2): 31-46.

[79] Rizkalla S H, Serrette R L, Heuvel J S, et al. Multiple shear key connections for precast shear
wall panels [J]. PCI Journal, 1989, 34 (2): 104-120.

[80] Hutchinson R L, Rizkalia S H, Lau M, et al. Horizontal Post-Tensioned Connections for
Precast Concrete Loadbearing Shear Wall Panels[J]. PCI Journal, 1991, 36 (6): 64-76.

[81] Soudki K A, West J S, Rizkalla S H, et al. Horizontal Connections for Precast Concrete Shear
Wall Panels under Cyclic Shear Loading[J]. PCI Journal, 1996, 41(3): 64-80.

[82] Kurama Y C. Seismic Design of Partically Post-Tensioned Precast Concrete Walls[J]. PCI
Journal, 2005, 50 (4): 100-125.

[83] 钱稼茹, 杨新科, 秦珩, 等. 竖向钢筋采用不同连接方法的预制钢筋混凝土剪力墙抗震性
能试验 [J]. 建筑结构学报, 2011, 32(6): 51-59.

[84] 刘家彬, 陈云钢, 郭正兴, 等. 装配式混凝土剪力墙水平拼缝 U 型闭合筋连接抗震性能试
验研究 [J]. 东南大学学报, 自然科学版, 2013, 43(3): 565-570.

[85] Sun J, Qiu H X, Lu B. Experimental Joints in an Innovative Totally Precast Shear Wall System
[J]. Journal of Southeast University (English Edition), 2015, 31(1): 124-129.

[86] 李宁波, 钱稼茹. 竖向钢筋套筒挤压连接的预制钢筋混凝土剪力墙抗震性能试验研究 [J].
建筑结构学报, 2016, 37(1): 31-40.

[87] 武藤清. 结构物动力设计 [M]. 北京: 中国建筑工业出版社, 1984.

[88] Chakrabarti S C, Nayak G C, Paul D K. Shear characteristics of cast-in-place vertical joints in
story-high precast wall assembly[J]. ACI Structural Journal, 1988, 85(1): 30-45.

[89] Pekau O A, Hum D. Seismic response of friction jointed precast panel shear walls [J]. PCI
Journal, 1991, 36(2): 52-71.

[90] 叶列平，康盛，曾勇 . 双功能带缝剪力墙的弹性受力分析 [J]. 清华大学学报，1999，39(12)：79-81.

[91] Crisafulli F J, Restrepo J I. Ductile steel connections for seismic resistant precast buildings [J]. Journal of Earthquake Engineering, 2003, 7(4)：541-553.

[92] Pantelides F J, Volnyy V A, Gergely J, et al. Seismic retrofit of precast concrete panel connections with carbon fiber reinforces polymer composites [J]. PCI Journal, 2003, 48(1)：92-104.

[93] 孙香花，左晓宝 . 低周反复荷载作用下带竖缝高强混凝土剪力墙承载力研究 [J]. 工业建筑，2006，36(07)：58-61.

[94] 刘继新，李文峰，王啸霆，等 . 新型装配整体式墙体抗震性能试验研究 [J]. 地震工程与工程振动，2012，32(6)：110-118.

[95] 李晗，卢家森，张其林，等 . 低周反复荷载下预制装配式竖缝剪力墙抗震性能研究 [J]. 施工技术，2014，43(4)：5-8.

[96] 袁新禧，潘志宏，李爱群，等 . 带竖缝及金属阻尼器混凝土剪力墙抗震性能研究 [J]. 土木工程学报 . 2014，47(S1)：118-123.

[97] 霍连锋 . 基于软钢阻尼器的开缝耗能剪力墙抗震性能研究 [D]. 哈尔滨工业大学，2015.

[98] Sritharan S, Aaleti S, Henry RS, et al. Precast concrete wall with end columns (PreWEC) for earthquake resistant design[J]. Earthquake Engineering & Structural Dynamics, 2015, 44(12)：2075-2092.

[99] Twigden K M, Sritharan S, Henry R S. Cyclic testing of unbonded post-tensioned concrete wall systems with and without supplemental damping [J]. Engineering Structures, 2017, 140：406-420.

[100] 李宏男，霍林生 . 结构多维减震控制 [M]. 科学出版社，2008.

[101] Wakabayashi, M, Nakamura T. Experimental Study of Elastoplastic Properties of Precast Concrete Wall Panels with Built in Insulating Braces[C]. Summaries of Technical Papers of Annual Meeting in Japan：Architectural Institute of Japan，2003.

[102] 周云 . 防屈曲耗能支撑结构设计与应用 [M]. 中国建筑工业出版社，2007.

[103] Clark P, Aiken Ian, Kasai Kazuhiko, et al. Design procedures for buildings incorporating hysteretic damping devices[C]. Proceedings of the 68th Annual Convention, 1999, 355-371.

[104] 蔡克铨，黄彦智，翁崇兴 . 双管式挫屈束制 (屈曲约束) 支撑之耐震行为与应用 [J]. 建筑

钢结构进展，2005，7(3)：1-8.

[105] 刘建彬. 防屈曲支撑及防屈曲支撑钢框架设计理论研究 [D]. 清华大学，2005.

[106] 王水清. 防屈曲耗能支撑钢管混凝土组合框架抗震性能研究 [D]. 湖南大学，2010.

[107] 郝星. 屈曲约束支撑研究及在抗震加固工程中的应用 [D]. 合肥工业大学，2012.

[108] 王国权，周锡元. 921 台湾地震近断层强震地面运动加速度时程的随机特性 [J]. 防灾减灾工程学报，2003，(4)：10-19.

[109] Kanai，Yoshizawas，Suzukit. An empirical formula for the spectrum of strong earthquake motions Ⅱ [J]. 东京大学地震研究所汇报，1963，41：261 -270.

[110] Esteva L. Seismic risk and seismic design decisions / / Seismic Design for Nuclear Power Plants. Cambridge，Mass. ：Mass. Inst. Technol. ，1970. 142 -182.

[111] McGuire，R K J. Seismic ground motion parameter relations[J]. Journal of the Geotechnical Engineering Division，1978，104(4)：481-490.

[112] 李新乐，朱晞. 考虑场地和震源机制的近断层地震动衰减特性的研究 [J]. 工程地质学报，2004，(02)：141-147.

[113] 卢大伟，李小军，崔建文. 汶川中强余震地震动峰值衰减关系 [J]. 应用基础与工程科学学报，2010，18(S1)：138-151.

[114] Campbell K W，Bozorgnia Y. NGA Ground Motion Model for the Geometric Mean Horizontal Component of PGA，PGV，PGD and 5% Damped Linear Elastic Response Spectra for Periods Ranging from 0.01 to 10 s[J]. Earthquake Spectra，2008，24(1)：139-171.

[115] 吴先敏，牛超，卞晶，等. 地震波基线漂移校正及结构地震响应分析 [J]. 水资源与水工程学报，2019，30(02)：186-190+197.

[116] 韩建平，徐金玉. 汶川地震强余震统计特性及地震动衰减关系 [J]. 世界地震工程，2019，35(01)：9-16.

[117] 边冠博. 汶川地震的主余震统计特性及其对结构反应的影响 [D]. 大连理工大学，2012.

[118] 周惠兰，房桂荣，章爱娣，等. 地震震型判断方法探讨 [J]. 地震工程学报，1980(2)：47-61.

[119] 吴开统，焦远碧. 地震序列概论 [M]. 北京大学出版社，1990.

[120] Kwon O S，Elnashai A. The effect of material and ground motion uncertainty on the seismic vulnerability curves of RC structure[J]. Engineering Structures，2006，28(2)：289-303.

[121] 吕大刚，于晓辉. 基于改进云图法的结构概率地震需求分析 [J]. 世界地震工程，2010，

26(1)：7-15.

[122] 于晓辉 . 钢筋混凝土框架结构的概率地震易损性与风险分析 [D]. 哈尔滨工业大学，2012.

[123] 冯世平 . 多次地震作用下钢筋砼结构的动力反应 [C]. 第三届全国地震工程学术会议论文集，1990.

[124] 牛荻涛 . 基于弹塑性随机动力分析的抗震结构概率设计理论与方法 [D]. 哈尔滨建筑大学，1991.

[125] 吴波，欧进萍 . 主震与余震的震级统计关系及其地震动模型参数 [J]. 地震工程与工程振动，1993(3)：28-35

[126] Quanwang Li，Bruce R. Ellingwood. Performance evaluation and damage assessment of steel frame buildings under main shock-aftershock earthquake sequences[J]. Earthquake Engineering & Structural Dynamics，2010，36(3)：405-427.

[127] 阚玉萍，丁文胜 . 强余震荷载的确定 [J]. 应用技术学报，2008，8(1)：18-21.

[128] 温卫平 . 基于主余震序列型地震动的损伤谱研究 [D]. 哈尔滨工业大学，2011.

[129] 何政，刘耀龙 . 考虑 NGA 地震动衰减关系的主余震概率损伤分析 [J]. 哈尔滨工业大学学报，2014，46(6)：86-92.

[130] 杜云霞 . 考虑两次地震作用的 RC 框架结构地震反应分析研究 [D]. 中国地震局工程力学研究所，2017.

[131] Hatzigeorgiou G D，Beskos D E. Inelastic displacement ratios for SDOF structures subjected to repeated earthquakes[J]. Engineering Structures，2009，31(11)：2744-2755.

[132] Gutenberg B，Richter C. Seismicity of the earth and associated phenomena[M]. Princeton University Press，1954.

[133] Chouhan RKS，Srivastava VK. Global Variation of b in the Gutenberg Richter's relation LogN=a-bM with the depth. Pure Appl Geophys，1970，82(1)：124-132.

[134] Joyner W B，Boore D M. Prediction of earthquake response spectra[M]. US Geological Survey，1982.

[135] 李宏男，李钢，李中军，等 . 钢筋混凝土框架结构利用"双功能"软钢阻尼器的抗震设计 [J]. 建筑结构学报，2007，28(4)：36-43.

[136] 王超 . 装配式耗能剪力墙结构抗震性能分析 [D]. 大连理工大学 . 2016.

[137] 建筑抗震设计规范 (GB 50011-2010)[S]. 北京：中国建筑工业出版社，2019.

[138] Erberik M A. Seismic Fragility Analysis [M]. Springer Berlin Heidelberg，2015.

[139] 于晓辉. 钢筋混凝土框架结构的概率地震易损性与风险分析 [D]. 哈尔滨：哈尔滨工业大学, 2012: 155-156.

[140] 褚延涵. 地震地面运动加速度记录与强度参数选择的统计方法研究 [D]. 哈尔滨工业大学, 2010.

[141] Luco N , Cornell C A . Structure-Specific Scalar Intensity Measures for Near-Source and Ordinary Earthquake Ground Motions[J]. Earthquake Spectra, 2007, 23(2): 357-392.

[142] Cornell C. A., Jalayer F., Hamburger R. O., Foutch D. A. The probabilistic basis for the 2000SAC/FEMA steel moment frame guidelines [J]. Struct. Eng. 2002, 128(4): 526-533.

[143] 卜一, 吕西林, 周颖, 等. 采用增量动力分析方法确定高层混合结构的性能水准 [J]. 结构工程师, 2009, 25(2): 77-84.

[144] 李刚, 程耿东. 基于性能的结构抗震设计：理论、方法与应用 [M]. 北京：科学出版社, 2004.

[145] 陶慕轩, 聂建国, 樊健生, 等. 中国土木结构工程科技 2035 发展趋势与路径研究 [J]. 中国工程科学, 2017, 19(1): 73-79.

[146] 聂建国. 我国结构工程的未来—高性能结构工程 [J]. 土木工程学报, 2016, 49(9): 1-8.

[147] 周云. 防屈曲耗能支撑结构设计与应用 [M]. 中国建筑工业出版社, 2007.

[148] 郝晓燕, 李宏男, 杨昌民, 等. 腹板式钢制防屈曲支撑力学性能试验研究 [J]. 振动工程学报, 2012, 25(5): 497-505.

[149] 韩林海. 钢管混凝土结构：理论与实践 [M]. 科学出版社, 2007.

[150] 混凝土结构设计规范 (GB 50010-2010) [S]. 中国建筑工业出版社, 2015.

[151] Clough R W, Johnson S B. Effect of stiffness degradation on earthquake ductility requirements [C]. Proceedings of Japan Earthquake Engineering Symposium, Tokyo, Japan, 1966

[152] 高层建筑钢 - 混凝土混合结构设计规程 ((DG/TJ08-015-2018/J10285-2) [S]. 同济大学, 2019.

[153] Hu Y, Zhao J, Jiang L. Seismic risk assessment of steel frames equipped with steel panel wall [J]. Structural Design of Tall & Special Buildings, 2017, e1368.

[154] Kinali K, Ellingwood B R. Seismic fragility assessment of steel frames for consequence-based engineering: A case study for Memphis. TN[J]. Steel Construction, 2008, 29(6): 1115-1127.